用創客玩

ChatGPT

×

Python

AI 語音大應用

CONTENTS

01 AI 語音的核心 ChatGPT 簡介

1-1 ChatGPT 的聰明之處 4

1-2 AI 語音助理的架構 5

02 微控制器 – ESP32 與 Thonny 簡介

2-1 本套件的架構 6

2-2 ESP32 控制板簡介 6

2-3 安裝 Python 開發環境 7

2-4 安裝與設定 ESP32 控制板 12

2-5 認識硬體 14

2-6 ESP32 的 IO 腳位以及數位訊號輸出 14

● LAB01 閃爍 LED 燈 15

03 錄放音機

3-1 按鈕開關 17

● LAB02 按鈕控制 LED 燈 18

3-2 麥克風原理 20

● LAB03 實作錄音機 21

3-3 用喇叭播放聲音 27

● LAB04 實作回聲機 28

3-4 音訊插座模組 32

● LAB05 實作音樂播放器 32

04 在本機建立伺服器

4-1 建立伺服器 - Server 端 36

● LAB06 在本機端建立 Server 37

4-2 下載 Server 上的語音檔 40

● LAB07 下載音檔 40

4-3 上傳語音檔至 Server 43

● LAB08 上傳音檔 43

05 使用 OpenAI API 實作語音辨識

5-1 語音辨識原理 46

5-2 認識 OpenAI API 47

● LAB09 實作語音辨識 52

5-3 認識 RGB LED 燈 56

● LAB10 控制 RGB LED 燈 56

5-4 語音聲控燈 58

● LAB11 語音口令聲控燈 58

06 建立 GPT 助理

6-1 AI 聊天模式...62

● LAB12 和 GPT 聊天 62

6-2 文字轉語音...65

● LAB13 實作 AI 念稿機 65
● LAB14 GPT 語音對話 67

07 外文好夥伴 – 口譯機

7-1 認識 Function Calling...70

● LAB15 實作口譯機 71

08 語言模型萬事通 – 連網取得更多資料

8-1 讓語言模型取得即時資訊..74

● LAB16 取得網路搜尋結果 74
● LAB17 即時氣象預報員 79

09 高鐵 / 台鐵時刻播報

9-1 TDX 服務 82

● LAB18 取得時刻表 82

9-2 AI 分析時刻表..87

● LAB19 車次規劃助手 87

10 YouTube 點歌助理

10-1 下載 YouTube 音樂 91

● LAB20 結合 pytube 下載音樂 93

10-2 個人點歌助理...95

● LAB21 點歌小幫手 95

11 客製化語音助理 – 擴增功能

11-1 整合功能...98

● LAB22 AI 配色聲控燈 99

11-2 突破電腦連接限制 - ngrok.....................................102

● LAB23 隨身 AI 助理..105

AI 語音的核心 ─
ChatGPT 簡介

自 ChatGPT 問世以來，人工智慧的崛起逐漸改變了我們的生活，如程式碼生成、AI 繪圖和音樂、旋律生成等，而在 AI 廣大的領域中，語音技術的進展更將深刻融入我們的日常，本套件將引導你探討語言模型與軟硬體結合的應用，突破其僅限文字介面的交流方式，創造出一個不同以往的全能語音助理。

1-1 ChatGPT 的聰明之處

　　隨著科技的進步，以往的語音助理如蘋果的 Siri 、小米的小愛同學等，儼然成為手機操作及居家控制的得力助手。然而，這些助理的對話模式大部分只能根據特定指令作出反應。當面對未知問題時，它們只能呈現搜尋結果的網址，沒辦法滿足我們的需求。相較之下，ChatGPT 卻能真正理解文本的意義，並提供相應而靈活的回應，讓使用者在對談過程中覺得十分自然。

　　本套件選擇由 ChatGPT 背後的 OpenAI 所開發的語言模型作為語音助理核心，正是看中其超越以往的聰明之處。接著讓我們一起打造屬於自己的聰明語音助理吧！

這裡好暗喔！

為你開啟白色燈

⚠ (語言模型會從語意上判斷開燈的需求)

1-2 AI 語音助理的架構

我們將語音助理分為軟、硬體兩大區塊，軟體就是以語言模型為主角，負責處理資訊與指令判斷，而硬體則是負責麥克風與喇叭。電子零件皆由 ESP32 控制板所掌控，ESP32 控制板就像小電腦一樣，但記憶體有限，而我們除了要一邊錄製音訊、還要處理與語言模型的各種資訊如：串接 OpenAI API、音訊檔案處理，這些都十分占用記憶體，使得 ESP32 忙不過來。本書會帶你建立雲端上的 Server 來處理軟體的部分，讓軟硬體分工合作不打架，由 ESP32 當作我們與語言模型的中繼站，交互傳送語言模型與使用者的訊息並控制所有硬體設備。

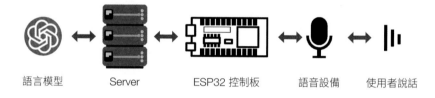

語言模型　　　Server　　　ESP32 控制板　　　語音設備　　　使用者說話

為了讓語言模型可以聽懂話成為小助理，首要的任務是將錄製的語音轉換成文字，再將文字傳輸給它，所以接下來我們會先認識硬體的核心 -- ESP32 控制板，再逐一了解麥克風、喇叭等零件，當我們把語言模型的溝通橋樑都準備好時，就可以建立 Server 端的軟體部分。

Server 端負責將使用者的訊息傳給語言模型，並開發多種功能讓語言模型根據使用者的需求來做選擇，例如：控制 RGB LED 燈色、上網搜尋資料、播放音樂等等，接著再把語言模型回覆的文字轉成語音檔，如此一來就可以和語言模型對話，就像生活小助理一樣可以吩咐它去做多項任務。

硬體補給站 ESP32 負責的部分

- 錄製語音

- 上傳、下載 Server 端的語音檔

- 根據 Server 端回傳的指令控制 LED 燈

- 播放聲音、音樂

軟體補給站 Server 負責的部分

- 透過網路提供 ESP32 上傳、下載語音檔

- 將使用者語音訊息轉成文字

- 傳送文字給語言模型

- 根據語言模型回傳的訊息來控制硬體

- 將語言模型回傳的文字轉成語音檔

軟體補給站

本套件的服務專區網址：

https://www.flag.com.tw/bk/t/FM637A

02

微控制器－ESP32 與 Thonny 簡介

創客 / 自造者 /Maker 這幾年來快速發展，已蔚為一股創新的風潮。由於各種相關軟硬體越來越簡單易用，即使沒有電子、機械、程式等背景，只要有想法有創意，都可輕鬆自造出新奇、有趣、或實用的各種作品。

2-1 本套件的架構

本套件中，大多的實驗都是如同以下的架構：

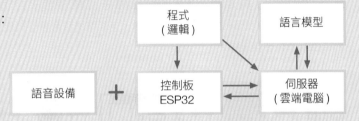

前一章我們已經介紹過軟硬體架構，這一章就讓我們來了解控制板並開始寫程式吧！

2-2 ESP32 控制板簡介

ESP32 是一片**控制板**，你可以將它想成是一部小電腦，可以執行透過程式描述的運作流程，並且可藉由兩側的輸出入 (I/O) 腳位控制外部的電子元件，或是從外部電子元件獲取資訊。只要使用稍後會介紹的杜邦線，就可以將電子元件連接到輸出入腳位。

另外 ESP32 還具備 **Wi-Fi** 連網的能力，非常適合應用於 **IoT** 開發，可以將電子元件的資訊傳送出去，也可以透過網路從遠端控制 ESP32。

除了硬體上的優點外，一般的控制板都會使用較為複雜的 C/C++ 來開發，而 ESP32 除了 C/C++ 以外，還可以使用易學易用的 Python 來開發，讓使用者更加容易入手，下一章我們就帶大家認識一下簡單好學的 Python 吧！

2-3 安裝 Python 開發環境

在開始學 Python 控制硬體之前，當然要先安裝好 Python 開發環境。別擔心！安裝程序一點都不麻煩，甚至不用花腦筋，只要用滑鼠一直點下一步，不到五分鐘就可以安裝好了！

■ 下載與安裝 Thonny

Thonny 是一個適合初學者的 Python 開發環境，請連線 https://thonny.org 下載這個軟體：

1 連線 https://thonny.org

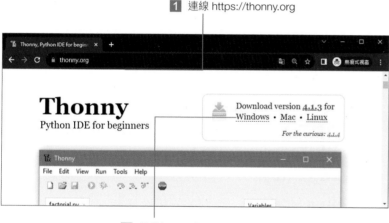

2 按此打開下載連結

⚠ 使用 Mac/Linux 系統的讀者請點選相對應的下載連結。

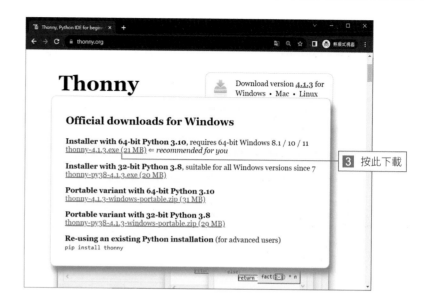

3 按此下載

下載後請雙按執行該檔案，然後依照下面步驟即可完成安裝：

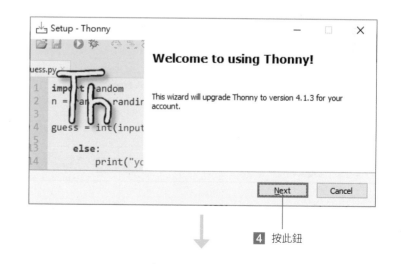

4 按此鈕

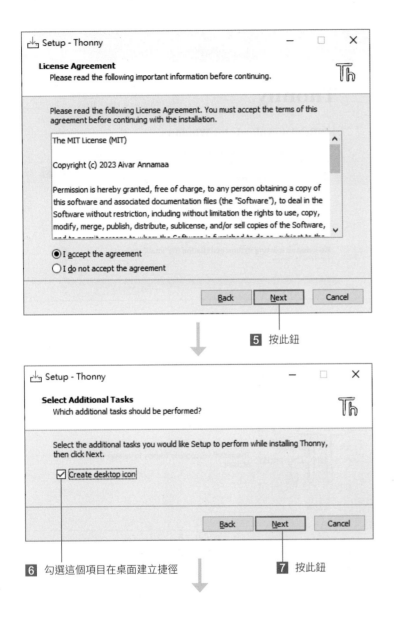

5 按此鈕

6 勾選這個項目在桌面建立捷徑

7 按此鈕

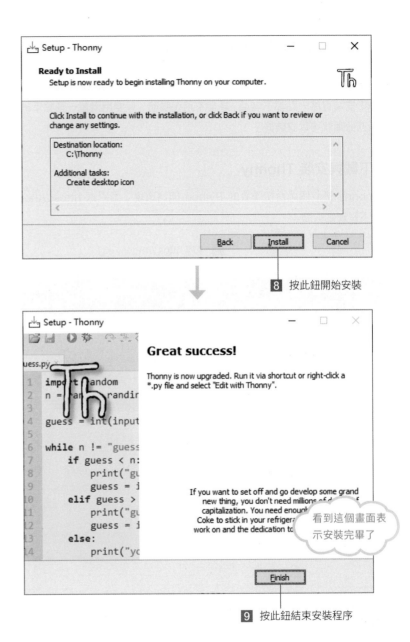

8 按此鈕開始安裝

看到這個畫面表示安裝完畢了

9 按此鈕結束安裝程序

■ 開始寫第一行程式

完成 Thonny 的安裝後，就可以開始寫程式啦！

請按 Windows 開始功能表中的 **Thonny** 項目或桌面上的捷徑，開啟 Thonny 開發環境：

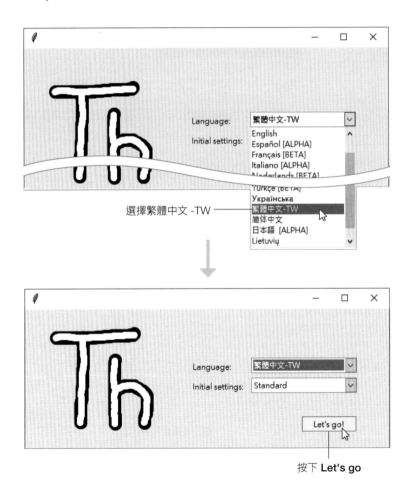

選擇繁體中文 -TW

按下 **Let's go**

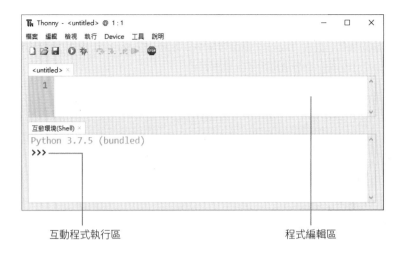

互動程式執行區　　　　　　　　　　程式編輯區

Thonny 的上方是我們撰寫編輯程式的區域，下方**互動環境 (Shell)** 窗格則是互動程式執行區，兩者的差別將於稍後說明。請如下在 **Shell** 窗格寫下我們的第一行程式：

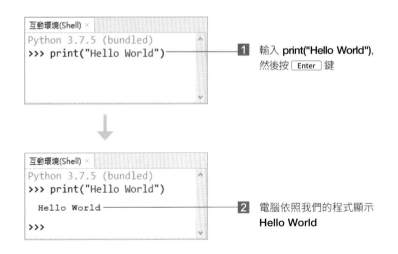

1 輸入 **print("Hello World")**，然後按 Enter 鍵

2 電腦依照我們的程式顯示 **Hello World**

■ Thonny 開發環境基本操作

前面我們已經在 Thonny 開發環境中寫下第一行 Python 程式，本節將為您介紹 Thonny 開發環境的基本操作方式。

Thonny 上半部的程式編輯區是我們撰寫程式的地方：

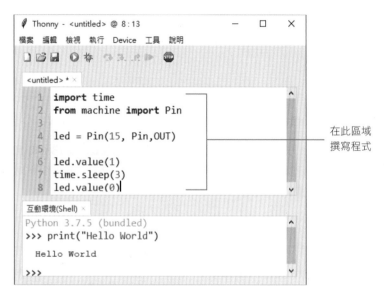

在此區域撰寫程式

可以說，上半部程式編輯區類似稿紙，讓我們將想要電腦做的指令全部寫下來，寫完後交給電腦執行，一次做完所有指令。

而下半部 **Shell** 窗格則是一個交談的介面，我們寫下一行指令後，電腦就會立刻執行這個指令，類似老師下一個口令學生做一個動作一樣。

所以 **Shell** 窗格適合用來作為程式測試，我們只要輸入一句程式，就可以立刻看到電腦執行結果是否正確。

⚠ 本書後面章節若看到程式前面有 >>>，便表示是在 **Shell** 窗格內執行與測試。

若您覺得 Thonny 開發環境的文字過小，請如下修改相關設定：

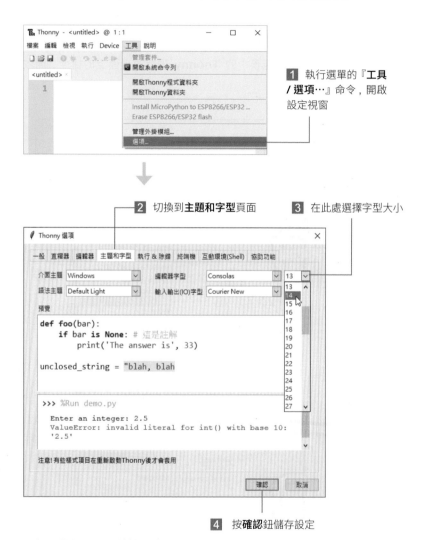

1 執行選單的『**工具 / 選項…**』命令，開啟設定視窗

2 切換到**主題和字型**頁面   **3** 在此處選擇字型大小

4 按**確認**鈕儲存設定

如果覺得介面上的按鈕太小不好按，可以在設定視窗如下修改：

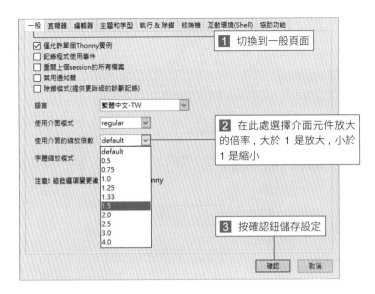

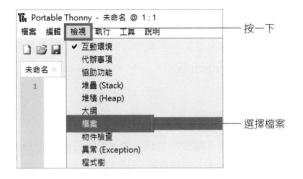

或是用檔案窗格快速開啟範例檔：

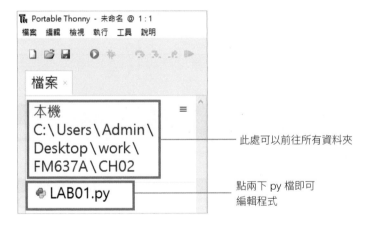

▲ 設定完成必須重新啟動 Thonny 才會生效。

日後當您撰寫好程式,請如下儲存：

若要打開之前儲存的程式或範例程式檔,請如下開啟：

▲ 本套件範例程式下載網址：https://www.flag.com.tw/bk/t/FM637A。

如果要讓電腦執行或停止程式,請依照下面步驟：

2-4 安裝與設定 ESP32 控制板

一般我們寫的 Python 程式都是在個人電腦上面執行，因為個人電腦缺少對外連接的腳位，無法用來控制創客常用的電子元件，所以我們將改用 ESP32 這個小電腦來執行 Python 程式。

■ 下載與安裝驅動程式

為了讓 Thonny 可以連線 ESP32, 以便上傳並執行我們寫的 Python 程式，請先連線 http://www.wch.cn/downloads/CH341SER_EXE.html, 下載 ESP32 的驅動程式：

1 連線 http://www.wch.cn/downloads/CH341SER_EXE.html

若您使用 Mac, 系統已內建驅動程式，不用下載安裝。

2 按此鈕下載

下載後請雙按執行該檔案，然後依照下面步驟即可完成安裝：

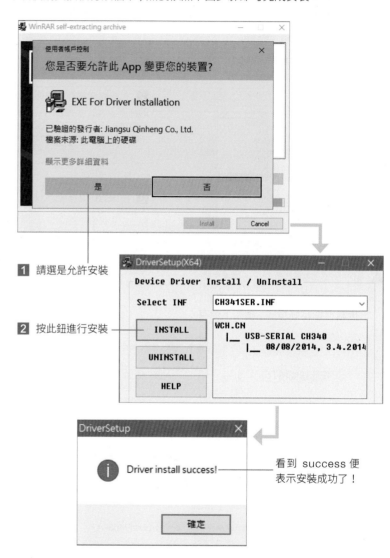

1 請選是允許安裝

2 按此鈕進行安裝

看到 success 便表示安裝成功了！

⚠ 若無法安裝成功，請參考下一頁，先將 ESP32 開發板插上 USB 線連接電腦，然後再重新安裝一次。

12

■ 連接 ESP32

由於在開發 ESP32 程式之前，要將 ESP32 插上 USB 連接線，所以請先將 USB 連接線接上 ESP32 的 USB 孔，USB 線另一端接上電腦：

將 ESP32 接上電腦後，控制板上標示 "CHG" 文字旁的 LED 充電指示燈有機會為閃爍、熄滅或恆亮狀態，這是因為沒有接上電池充電可能會發生的情況，本套件不需要使用充電電池，無需理會燈號。若正常充電狀態，指示燈會恆亮，充飽後會熄滅。

LED 充電指示燈

請如下設定 Thonny 連線 ESP32：

1 執行選單的『**執行 / 設定直譯器**』命令，開啟設定視窗

⚠ 後續章節還會切換回本地端的 Python 3。

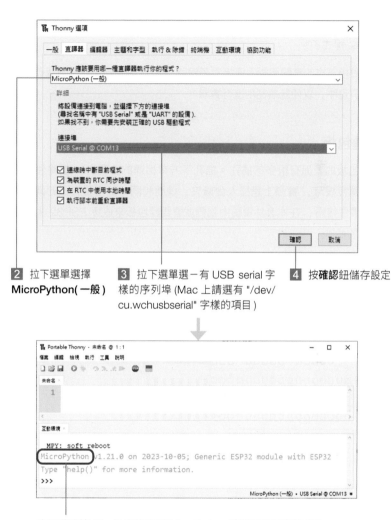

2 拉下選單選擇 **MicroPython(一般)**

3 拉下選單選－有 USB serial 字樣的序列埠 (Mac 上請選有 "/dev/cu.wchusbserial" 字樣的項目)

4 按**確認**鈕儲存設定

在**互動環境 (Shell)** 窗格看到 MicroPython 字樣便表示連線成功

⚠ MicroPython 是特別設計的精簡版 Python, 以便在 ESP32 這樣記憶體較少的小電腦上面執行。

2-5 認識硬體

目前已經完成安裝與設定工作，接下來我們就可以使用 Python 開發 ESP32 程式了。

由於接下來的實驗要動手連接電子線路，所以在開始之前先讓我們認識一些電子元件，以便能順利地進行實驗。

■ 麵包板

麵包板的表面有很多的插孔。插孔下方有相連的金屬夾，當零件的接腳插入麵包板時，實際上是插入金屬夾，進而和同一條金屬夾上的其他插孔上的零件接通，在本套件實驗中我們就需要麵包板來連接 ESP32 與其它電子元件。

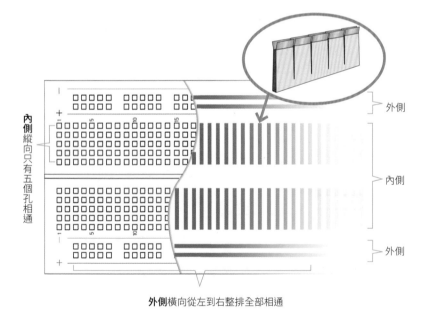

內側縱向只有五個孔相通

外側橫向從左到右整排全部相通

■ 杜邦線

杜邦線是二端已經做好接頭的導線，可以很方便的用來連接 ESP32、麵包板、及其他各種電子元件。

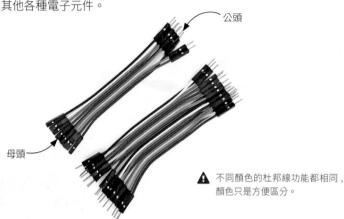

公頭

母頭

⚠ 不同顏色的杜邦線功能都相同，顏色只是方便區分。

2-6 ESP32 的 IO 腳位以及數位訊號輸出

在電子的世界中，訊號只分為高電位跟低電位兩個值，這個稱之為**數位訊號**。在 ESP32 兩側的腳位中，標示為 0~34(當中有跳過一些腳位) 的 23 個腳位，可以用程式來控制這些腳位是高電位還是低電位，所以這些腳位被稱為**數位 IO (Input/Output) 腳位**。

本章會先說明如何控制這些腳位進行數位訊號**輸出**，之後會說明如何從這些腳位**輸入**數位訊號。

在程式中我們會以 1 代表高電位，0 代表低電位，所以等一下寫程式時，若設定腳位的值是 1，便表示要讓腳位變高電位，若設定值為 0 則表示低電位。

fritzing

⚠ 寫程式時需要寫對編號才能正常運作喔！

本套件的範例程式下載網址：

https://www.flag.com.tw/bk/t/FM637A

LAB01	閃爍 LED 燈
實驗目的	熟悉 Thonny 開發環境的操作，並點亮 ESP32 上內建的藍色 LED 燈
材　　料	ESP32 控制版

■ 線路圖

此實驗無須接線

■ LED

LED，又稱為發光二極體，具有一長一短兩隻接腳，若要讓 LED 發光，則需對長腳接上高電位，短腳接低電位，像是水往低處流一樣產生高低電位差讓電流流過 LED 即可發光。LED 只能往一個方向導通，若接反就不會發光。

高電位　低電位
長腳　短腳

⚠ 本套件中的 LED 已內建在 ESP32 上。

■ 設計原理

為了方便使用者測試，ESP32 上有一顆內建的**藍色 LED 燈**，這顆 LED 燈的**短腳**接於 5 號腳位，長腳接於 3.3V(高電位)。當 5 號腳位的狀態變成**低電位**時，會產生高低電位差讓電流流過 LED 燈使其發光。

當我們需要控制 ESP32 腳位的時候，需要先從 machine 模組匯入 Pin 物件：

```
>>> from machine import Pin
```

前面提到 ESP32 上內建的 LED 燈接於 5 號腳位上，請如下以 5 號腳位建立 Pin 物件：

```
>>> led = Pin(5,Pin.OUT)
```

上面我們建立了 5 號腳位的 Pin 物件，並且將其命名為 led，因為建立物件時第 2 個參數使用了 **"Pin.OUT"**，所以 5 號腳位就會被設定為**輸出腳位**。

然後即可使用 value() 方法來指定腳位電位高低：

```
>>> led.value(1) ← 高電位，熄滅 LED 燈
>>> led.value(0) ← 低電位，點亮 LED 燈
```

最後，我們希望讓 LED 燈不斷地閃爍下去，所以使用 Python 的 while 迴圈，讓 LED 燈持續點亮和熄滅。

```
>>> while True:          # 一直重複執行
        led.value(1)     # 熄滅 LED 燈
        time.sleep(1)    # 暫停 1 秒
        led.value(0)     # 點亮 LED 燈
        time.sleep(1)    # 暫停 1 秒
```

■ 程式設計

請在 Thonny 開發環境上半部的程式編輯區輸入以下程式碼，輸入以下程式碼，輸入完畢後請按 Ctrl+S 儲存檔案：

2 按此鈕或按 Ctrl+S 儲存檔案   1 程式編輯區輸入程式碼

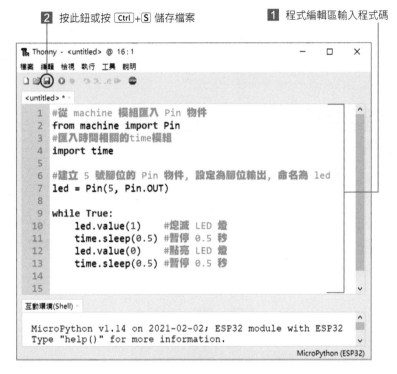

4 輸入檔名後按存檔鈕儲存

■ 實測

請按 F5 執行程式，即可看到 LED 每 0.5 秒閃爍一次。

 如果想要讓程式在 ESP32 開機自動執行，請在 Thonny 開啟程式檔後，執行功能表的『檔案／儲存副本…』命令後點選 MicroPython 設備，在**檔案名稱：**中輸入 main.py 後按 OK。若想要取消開機自動執行，請儲存一個空的同名程式即可。

⚠ 程式裡面的 # 符號代表註解，# 符號後面的文字 Python 會自動忽略不會執行，所以可以用來加上註記解說的文字，幫助理解程式意義。輸入程式碼時，可以不必輸入 # 符號後面的文字。

3 選擇本機

⚠ 若看不到本機的字樣，可以直接點選兩個方框中位於上方的方框。

軟體補給站　安裝 MicroPython 到 ESP32 控制板

MicroPython 燒錄教學網址：https//hackmd.io/@maker/rJECwzUfF

03

CHAPTER

錄放音機

上一章討論了 ESP32 控制板的運作原理，下一步是錄製與播放，本章會建立一個語音設備，讓使用者能夠持續按住按鈕進行錄音，並在放開按鈕後停止錄製。為了實現這一目標，我們需要深入研究和了解幾個重要的元件，每一個都在整個語音助理系統中扮演關鍵的角色。

3-1　按鈕開關

為了要讓使用者利用按鈕元件控制錄製聲音的時長。下面會介紹它的原理和使用方法。

按鈕是電子零件中最常使用的開關裝置，它可以決定是否讓電路導通，按鈕的原理如下圖：

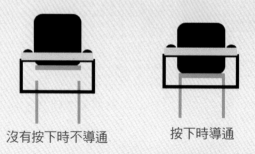

沒有按下時不導通　　　按下時導通

只要按下按鈕，按鈕下的鐵片會讓兩根針腳連接，以此讓電路導通。

LAB02　按鈕控制 LED 燈

實驗目的	使用 ESP32 的輸入腳位讀取按鈕開關,當按下開關時使內建 LED 燈亮起來,放開開關時使燈熄滅。
材　料	• ESP32 • 按鈕 • 麵包板 • 杜邦線若干

■ 接線圖

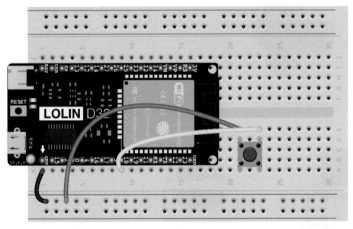

⚠️ 按鈕開關的針腳一個接 18 腳位另一個接 GND 。

ESP32	按鈕
18	右側針腳
GND	左側針腳

■ 設計原理

將 ESP32 的 18 號腳位當作輸入腳位,讀取**電位高低**,並根據電位高低控制 LED 燈。

首先建立 Pin 物件:

```
record_switch = Pin(18, Pin.IN)
```

第二個參數將腳位設定成**輸入模式**。物件建立好後,就可以使用 value() 讀取電位高低。

```
record_switch.value()
```

讀到**高電位**時,record_switch.value() 的回傳值會是 1,反之為 0。如果按下按鈕,輸入腳位會與高電位接通,讀到 1;但如果沒有按下按鈕,輸入腳位連接到空氣,此時輸入腳位就會受到環境雜訊影響處於**不穩定狀態**。

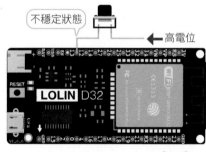

為了防止不穩定的狀態出現,會加上電阻讓腳位能接收到明確的訊號,而根據電阻的位置,分為『上拉電阻』和『下拉電阻』:

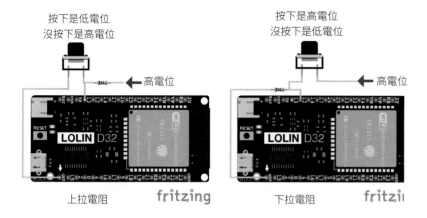

按下是低電位
沒按下是高電位

← 高電位

上拉電阻　fritzing

按下是高電位
沒按下是低電位

← 高電位

下拉電阻　fritzi

程式設計

請開啟 **FM637A\範例程式\CH03** 資料夾的 **LAB02.py** 程式

```
LAB02.py
1    from machine import Pin
2    import time
3
4    led_pin = Pin(5, Pin.OUT)
5    record_switch = Pin(18, Pin.IN, Pin.PULL_UP)
6
7    while True:
8        print(record_switch.value())
9        if record_switch.value() == 0:
10           led_pin.value(0)
11       else:
12           led_pin.value(1)
13       time.sleep(0.1)
```

由於電路會以電阻小的地方優先，在上拉電阻的接法中，未按下時輸入腳位與 GND 斷開，形同無限大的電阻，因此輸入腳位會讀到電阻較小那一頭的高電位；但當按鈕按下時，輸入腳位與 GND 直接連通沒有電阻，因此輸入腳位會讀到 GND 這一頭的低電位，下拉電阻則相反。

ESP32 的輸入腳位都有**內建上拉電阻**，不需要自己再接電阻，因此本套件實驗都會採用內建的上拉電阻。

為了開啟 ESP32 的內建上拉電阻，我們需要增加 Pin 物件的參數：

`record_switch = Pin(18, Pin.IN, Pin.PULL_UP)`

第三個參數 PULL_UP 代表啟動內建上拉電阻。我們只需要將按鈕分別連接至輸入腳位和 GND 即可，此時只要按下開關，18 號輸入腳位就會讀取到**低電位**，反之為高電位。

⚠ 上拉電阻與我們直覺的 " 按下按鈕為高電位 (1) "、" 沒按按鈕為低電位 (0) " **相反**，請不要搞混了喔。

- 第 1 行：從 machine 匯入 Pin 物件

- 第 2 行：匯入時間模組

- 第 4 行：建立 LED 燈物件

- 第 5 行：建立按鈕物件

- 第 7 行：迴圈用途為持續判斷按鈕狀態

- 第 8 行：輸出按鈕的高低電位

- 第 9~10 行：當按鈕按下時出現低電位則亮燈

- 第 12 行：放開按鈕時則熄燈

- 第 13 行：每隔 0.1 秒讀取一次按鈕電位

■ 測試程式

請按 F5 執行程式，執行後互動環境會每隔 0.1 秒顯示 18 號腳位的輸入值。只要沒有按下開關，數值就會為 1 且 LED 燈不會亮，當你按下開關時，數值就會變為 0，而 LED 就會亮燈。

沒按按鈕（高電位）

按下按鈕（低電位）

3-2 麥克風原理

聲音是由震動所產生的聲波，透過介質 (固體、液體、氣體) 傳送。

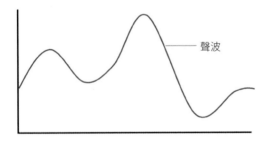

聲波

那要如何獲取我們講話的聲波呢？

麥克風元件中含有一個十分微小的機械震膜，負責接收外界傳遞過來的聲波，當周圍的聲波擊打在這個震膜上時，震膜會隨之震動，振膜上的變化將引起麥克風內電壓的變化。

■ 認識類比訊號

前一節我們使用按鈕來控制 LED 燈時，所使用的是數位訊號 (0/1、High/Low、或 On/Off…)，數位訊號主要是單晶片、電腦內部處理的資料形式。但在現實世界中則幾乎都是類比訊號：不管是我們看到、聽到的都是類比式的訊號，例如細看水銀溫度計的每個刻度之間，都還可以觀察出不同的連續性變化：

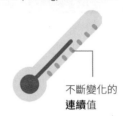

類比 (Analog) 訊號 31~32

不斷變化的 **連續**值

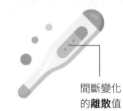

數位 (Digital) 訊號 31.1~31.2

間斷變化的 **離散**值

利用感測器、電子電路，可將真實世界的類比訊號 (例如電壓的變化) 轉成數位訊號。為了讓 ESP32 可進一步處理聲波，也必須進行類比數位轉換 **ADC (Analog to Digital Converter)，**將電壓變化轉換成數位訊號。

■ I²S 序列音訊介面

INMP441 麥克風模組的內部含有 ADC 可以將電壓變化的訊號轉成數位訊號，而傳輸數位音訊數據通常使用 I²S (Inter-IC Sound) 傳輸協定，唸作 "I squared S"，通常以 I2S 表示。I2S 傳輸協定包含了 **位元時脈 (SCK)、序列資料 (SD)、左右時脈 (WS)，**利用這三條線傳輸音訊數據。除了麥克風在傳輸音訊數據時會使用到 I2S 之外，在後續章節中的音訊放大器、喇叭等音訊設備也都會使用到 I2S 喔。

INMP441 共有六個引腳

軟體
補給站

● 位元時脈 (Bit Clock, 簡稱 BCLK)：讓輸出端與接收端可以同步傳輸資料，常以 SCK (Continuous Serial Clock, 連續序列時脈) 表示。

● 序列資料 (Serial Data, 簡稱 SD)：依序傳送左右聲道的音訊資料。

● 字元選擇時脈 (Word Select, 簡稱 WS)：指示傳送特定聲道的資料，若是右聲道資料，WS 會是高電位，左聲道則是低電位，也會稱為左右時脈 (Left-Right Clock, 簡稱 LRCLK)。

ESP32 含有兩組 I2S 處理器，每組 I2S 都能設定輸入或輸出，並且 I2S 的腳位支援所有數位腳位。

LAB03　實作錄音機

實驗目的	使用 ESP32 的輸入腳位讀取按鈕開關，當按住開關時開始錄製音訊直到放開或超過秒數限制則停止錄製。錄製完成後，在電腦端播放錄音檔。
材　料	● ESP32 ● INMP441 麥克風模組 ● 按鈕 ● 麵包板 ● 杜邦線若干

■ 接線圖

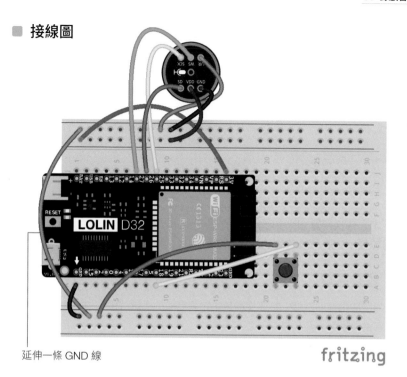

延伸一條 GND 線

fritzing

⚠ 請保留上一個實驗的接線，再延伸出一條 GND (如上圖左側灰色線)，此外讀者在接麥克風的線時可以不用將六條線分別撕開，如下圖所示，讓線路彼此固定住，在使用上也會更為便利。

⚠ 麥克風的使用方式：
建議距離麥克風 15～20 公分處，以正常音量說話即可，若是辨識不佳可以嘗試提高音量或靠近麥克風。

ESP32	INMP441
25	SCK
26	SD
27	WS
3V	VDD
GND	GND
GND	L/R

▲ 本套件採用單個麥克風, 只會產生單聲道, 因此我們將麥克風上的 L/R (用於標示左右聲道的腳位) 接上 GND, 表示在左聲道的時脈傳資料。

設計原理

為了取得音訊數據, 首要任務是設定麥克風的 I2S 物件, 在 MicroPython 中有專門處理 I2S 的類別:

```
from machine import I2S
```

從模組中匯入 I2S 類別, 接著建立 I2S 物件。

```
audio_in = I2S(0,
               sck=Pin(25),
               ws=Pin(27),
               sd=Pin(26),
               mode=I2S.RX,
               bits=16,
               format=I2S.MONO,
               rate=mic_sample_rate,
               ibuf=chunk_size
               )
```

在 ESP32 使用 I2S 時, 可能使用到不只一個音訊設備, 為了區分設備, 第一個參數為使用 I2S 的編號, 因為 ESP32 有兩組 I2S 單元, 所以有 **0、1** 兩個編號可以做為輸入與輸出; 第二、三、四個參數為 I2S 的硬體腳位。

第五個參數 mode 是設定 I2S 為接收模式 (RX) 如麥克風, 若是發送模式則為 (TX) 如喇叭。

第六個參數 bits 為音訊數據的位元數, 越大的位元可以更細緻的表示音訊震幅的變化, 音質也較好, 但相對的所占用的記憶體也較多。本套件都會設定為 16 位元, 讓記憶體更有效的被後續功能利用。

第七個參數 format 是設定音訊的聲道數量, 分為**單聲道 (MONO)** 與**雙聲道 (STEREO)**, 雙聲道分為左聲道與右聲道, 對於我們的語音設備來說單聲道 (所有音訊混和在單個通道) 即可滿足需求。

第八個參數 rate 為音訊採樣率, 代表每秒鐘獲取的音訊數據量, 數值越高則採樣到的音訊越精細, 也占用越多記憶體, 經過筆者測試多種採樣率, 麥克風的採樣率設定為 4000 Hz 即可讓後續的語音轉文字辨識成功。

第九個參數 ibuf 是緩衝區的大小, 因為有些數據較大, 使得 ESP32 會花較多時間處理, 為了讓音訊完整的被記錄下來, 就需要緩衝區來暫時儲存已記錄到的資料, 通常 ibuf 是 rate 的倍數, 此處麥克風 ibuf 為 rate 的兩倍, 也就是 8000 bytes。

把聲音的類比訊號轉換成數位訊號後, 就可以儲存至設備中, 而儲存的檔案種類為 PCM (Pulse-code modulation, 脈波編碼調變), 它是一種簡單的音訊編碼格式, 並且使用數字表示音訊數據, 意味著這些數據都是使用二進制的形式來儲存。

我們希望當按鈕按下時, 18 號腳位讀取到高電位就會在 ESP32 中建立新的 **input.pcm** 錄音檔:

```
pcm = open('/input.pcm', 'wb')
```

並建立空的二進制的緩衝區物件，物件大小為剛才設定的 chunk_size：

```
ibuf = bytearray(chunk_size)
```

接著把音訊數據寫入到緩衝區中：

```
audio_in.readinto(ibuf, chunk_size)
```

第一個參數是緩衝區，第二個參數是每次讀取數據的區塊大小。

最後一步是將緩衝區的資料寫入到 pcm 檔案裡：

```
pcm.write(ibuf)
```

⚠ 上述儲存的 PCM 檔案是以 PCM 格式儲存的二進制檔案，在電腦上並不能直接播放，需要將其轉換成 WAV (Waveform Audio File Format) 音訊檔案才能播放，WAV 檔案通常使用 PCM 作為其音訊編碼方式，可以把 .WAV 當作 PCM 編碼格式的容器，像常見的無損音檔也都是使用 WAV 檔格式來儲存喔。

最後我們再把錄音檔下載到電腦，將 PCM 檔轉換成 WAV 檔案就可以直接聽到我們所錄製的聲音了！

■ 程式設計

請開啟 FM637A\範例程式\CH03 資料夾的 LAB03.py 程式

LAB03.py

```
1    from machine import Pin,I2S
2    import time
3
4    led_pin = Pin(5, Pin.OUT)
5    record_switch = Pin(18, Pin.IN, Pin.PULL_UP)
6
7    mic_sample_rate = 4000
8    chunk_size = mic_sample_rate * 2
9
10   audio_in = I2S(0,
11               sck=Pin(25),
12               ws=Pin(27),
13               sd=Pin(26),
14               mode=I2S.RX,
15               bits=16,
16               format=I2S.MONO,
17               rate=mic_sample_rate,
18               ibuf=chunk_size
19               )
20
21   while True:
22       if record_switch.value() == 0:
23           recording_time = 0
24           ibuf = bytearray(chunk_size)
25           pcm = open('/input.pcm', 'wb')
26
27           led_pin.value(0)
28           print('---請說話---')
29           print('\r🖉:', recording_time, 's', end='')
30           while record_switch.value() == 0 and recording_time <11:
31               t_start = time.time()
32               audio_in.readinto(ibuf, chunk_size)
33               pcm.write(ibuf)
34               t_close = time.time()
35               recording_time += (t_close-t_start)
36               print('\r🖉:', recording_time, 's', end='')
37           print('\n---說完了---')
38           led_pin.value(1)
39           pcm.close()
40           break
41       time.sleep(0.1)
```

- 第 1 行：從 machine 匯入 Pin 、I2S 物件

- 第 2 行：匯入 time 時間模組

- 第 7 行：設定麥克風採樣率為 4000 Hz

23

- 第 8 行：設定緩衝區大小為採樣率的兩倍

- 第 10～19 行：建立麥克風 I2S 物件

- 第 23 行：錄製秒數初始化為 0

- 第 24 行：建立空的二進制物件用以儲存音訊數據

- 第 25 行：建立新的空白錄音檔

- 第 27 行：開始錄音時亮燈

- 第 30 行：當按下按鈕且錄製秒數小於 11 時執行

- 第 32 行：寫入資料前的時間

- 第 33 行：將錄音資料寫入到緩衝區物件中

- 第 34 行：將緩衝區的資料寫入到檔案中

- 第 35 行：寫入資料後的時間

- 第 35 行：計算目前已錄製多少秒

- 第 38 行：錄製完畢後熄滅 LED 燈

- 第 39 行：關閉 PCM 檔案

■ 測試程式

請按 F5 執行程式，執行後**按住按鈕**並開始說話，這時互動環境會出現**請說話**及**已錄製的秒數**，如下圖：

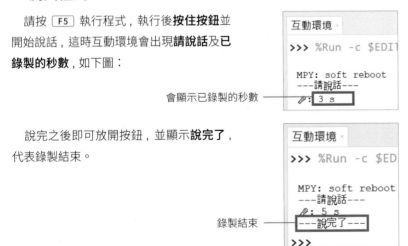

會顯示已錄製的秒數

說完之後即可放開按鈕，並顯示**說完了**，代表錄製結束。

錄製結束

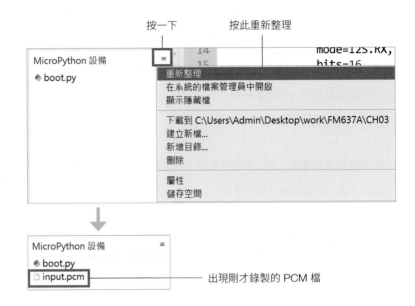

按一下　　　按此重新整理

出現剛才錄製的 PCM 檔

為了從電腦播放剛才的錄音，會使用一個簡單的小程式來進行轉檔，所以接下來請依照以下步驟下載 PCM 檔至 **FM637A\範例程式\CH03\SERVER** 資料夾中：

回到檔案窗格中，先進入 **SERVER 資料夾**：

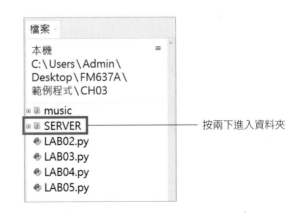

按兩下進入資料夾

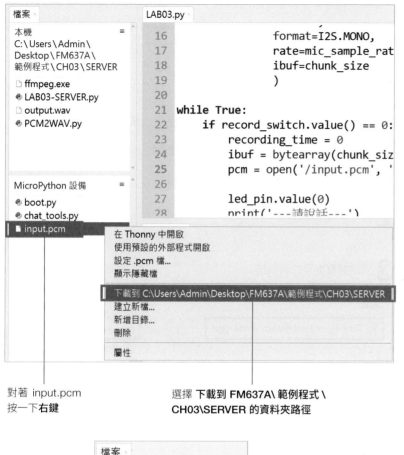

對著 input.pcm
按一下**右鍵**

選擇 **下載到 FM637A\ 範例程式 \
CH03\SERVER** 的資料夾路徑

出現 input.pcm，
代表下載成功。

接著需要將 input.pcm 轉成 wav 檔，請注意這裡要先切換成**本地端的
Python3** 作為直譯器：

按一下　　　　　　　　　　選擇**設定直譯器**

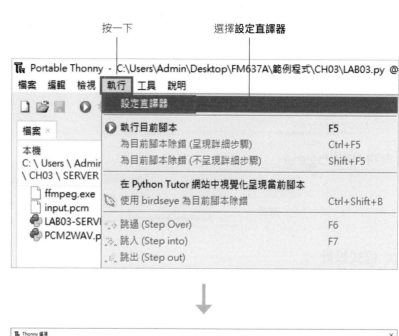

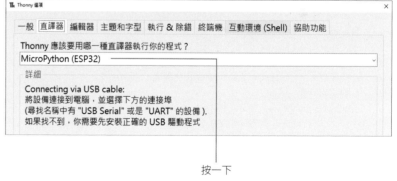

按一下

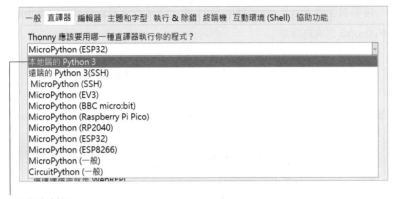

選擇**本地端的 Python 3**

按一下右下角的**確認**

■ 程式設計

請開啟 **FM637A\範例程式\CH03\SERVER** 資料夾中的 **LAB03-SERVER.py** 程式：

```
LAB03-SERVER.py
1    from PCM2WAV import *
2
3    pcm_file = 'input.pcm' # 錄製的檔名
4    wav_file = 'output.wav' # 輸出的檔名
5    # 轉成wav檔
6    pcm2wav(pcm_file, wav_file, channels=1, bits=16,
7            sample_rate=4000)
```

● 第 6 行：前兩個參數為輸入檔名與輸出檔名，channels 是通道數設定為單通道，bits 是音訊位元數設定 16 位元，sample_rate 為音訊採樣率，我們依照麥克風的 I2S 音訊設定來決定以上參數。

轉換音檔時會需要 ffmpeg.exe 與 PCM2WAV.py 兩個檔案，前者是負責音訊處理的工具程式，而後者則是負責轉檔的模組，我們只需要利用這些工具就可以將 PCM 檔快速轉成 WAV 檔。

請跟著以下步驟下載 ffmpeg 工具程式：

1 開啟瀏覽器輸入以下網址即可下載，請依照作業系統下載對應程式：

Windows 下載點：**https://reurl.cc/nrD2G6**

Mac OS 下載點：**https://reurl.cc/bD9gj3**

2 將下載檔案解壓縮

3 開啟解壓縮後的資料夾

4 開啟 bin 資料夾

5 複製 ffmpeg 執行檔到 **FM637A\範例程式\CH03\ SERVER** 資料夾中

6 在 Thonny 中的檔案窗格可以看到該執行檔

⚠ 後續章節的 server 端程式若有需要 ffmpeg 或 ffprobe 程式，可直接複製剛才下載的執行檔至 server 程式相同路徑。

⚠ 詳細的下載流程請參考此教學：https://hackmd.io/@flagmaker/SkrK2JyHT

■ 測試程式

請按 F5 執行程式，再重新整理檔案夾：

按此

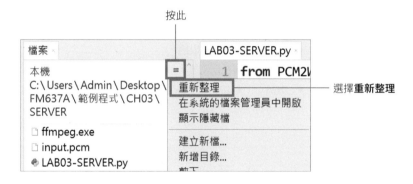

—— 選擇**重新整理**

—— 已轉成 output.wav 檔

接著可以利用電腦內建的播放器聽聽看錄音檔：

按右鍵 ——

—— 選擇使用預設的外部程式開啟

到這裡已經建立好錄製聲音的部份了，下一步就是 ESP32 播放聲音的功能。

3-3 用喇叭播放聲音

■ 認識音訊放大器

上一節錄製音訊時使用到了 I2S，而在音訊輸出上也會利用 I2S 來作為音訊傳輸的方法，為了讓喇叭可以讀取到 I2S 的音訊訊號，因此使用 MAX 98357 音訊放大器處理二進制的音訊數據，並讓喇叭播出聲音：

音訊放大器的功用是將音訊振幅放大，使播放出來的聲音更加宏亮，並且支援 I2S 音訊輸出，此外一般的喇叭需要一定功率才能產生足夠大的聲音，這時候音訊放大器就可以提供喇叭所需的功率。

音訊放大器的輸出有兩個腳位，分別是正極與負極，此兩極皆為輸出訊號，但各自訊號波的相位是互相相反的：

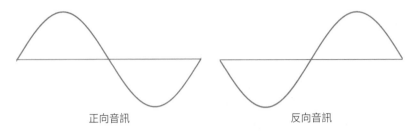

正向音訊　　　　　　　　反向音訊

以上兩個訊號波皆會傳輸給音訊設備，接著來看看喇叭是如何運作的。

● 認識喇叭

喇叭的正式名稱為揚聲器，是一種將電子訊號轉換成聲音的元件：

整個結構包含了線圈、磁鐵和震膜，聲音是由於物體震動所產生的，當線圈通電時便是電磁鐵，會與磁鐵相吸，而當線圈不通電時又回復原本的狀態，因此只要**不停的切換線圈的通電狀態**，就會造成震膜的震動，進而發出聲音。

磁鐵 ←　線圈　震膜

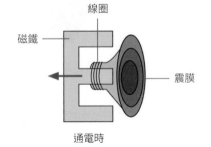 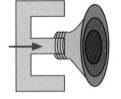

通電時　　　　　　　不通電時

如果將音訊放大器輸出腳位接上喇叭，因為兩個音訊波是反向的，兩波之間有**電位差**，就能使得喇叭震動起來。

有了錄音設備及播放裝置，我們就可以製作一個簡易的回聲機了！

LAB04	實作回聲機
實驗目的	在上一個實驗的基礎上將電腦播放錄音檔的部分，換成使用喇叭來播放，用以確認語音設備正常運作。
材　料	● ESP32 ● INMP441 麥克風模組 ● MAX 98357 音訊放大器 ● 喇叭　● 按鈕　● 麵包板　● 杜邦線若干

● 接線圖

為了方便觀察
省略麥克風線路 ——

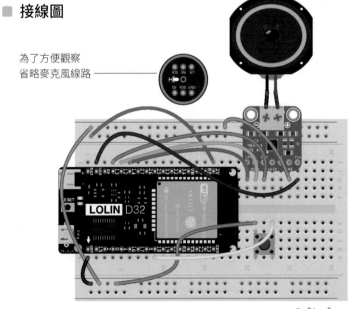

⚠ 請保留上一個實驗的接線，MAX 98357 音訊放大器的 SD 腳位是指 SD MODE，用於區分左右聲道，因為輸出是單聲道所以不接線；而 GAIN 負責控制輸出訊號的振幅，也就是音量，在之後的章節會教大家在伺服器端調整音量，所以此腳位也無需接線；另外為了推動喇叭，Vin 需要接 ESP32 的 **USB** 腳位 (5V)，而非 3V。

⚠ 音訊放大器的 DIN 腳位才是 I2S 的 SD 喔，因此數位訊號會輸入到 DIN 中。

　　音訊放大器的輸出已鎖上兩個針腳，將喇叭的兩個母頭接上輸出針腳即可，如下圖：

ESP32	MAX 98357
14	LRC
12	BCLK
13	DIN
USB	VIN
GND	GND

■ 設計原理

　　接下來所做的實驗會占用大量記憶體，所以我們需要適時清理記憶體垃圾，讓每一個工作都能順利運行。

　　匯入記憶體垃圾處理模組：

```
import gc
```

　　清理記憶體的方式：

```
gc.collect()
```

　　之前撰寫的錄音程式在之後的程式中都會使用到，我們將其整理成一個函式以便主程式呼叫：

```
record(sec=11)
```

● sec 是最大錄音的時長，單位為秒數。

　　已包裝過的函式皆會存放到我們提供的相關工具模組，請讀者依照以下步驟將 **FM637A\模組**資料夾的 **chat_tools.py** 檔案上傳至 ESP32 中：

移至 **FM637A 資料夾**下的**模組**

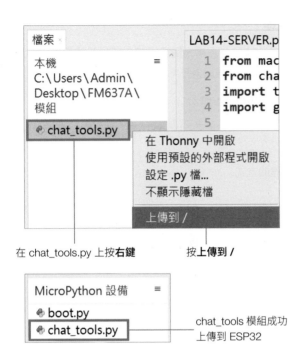

在 chat_tools.py 上按**右鍵**　　　按**上傳到 /**

chat_tools 模組成功
上傳到 ESP32

根據上一實驗錄製完成的音檔為 PCM 檔，I2S 會將二進制數據傳輸到音訊放大器中，音訊放大器中含有一個 I2S DAC 解碼晶片，這個晶片的作用是解析 I2S 序列資料並且轉換成類比訊號，模擬成音訊的波型，而波型的頻率與振幅會對應到原始的聲音數據，最後透過喇叭的震動將聲音播放出來。

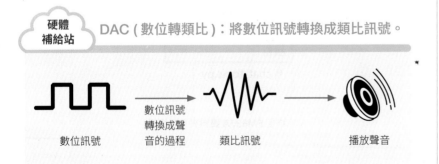

硬體補給站 DAC (數位轉類比)：將數位訊號轉換成類比訊號。

數位訊號　　數位訊號轉換成聲音的過程　　類比訊號　　播放聲音

由於音訊放大器要輸出音訊數據，因此要建立一個音訊輸出的 I2S 物件：

```
audio_out = I2S(1,
                sck=Pin(12),
                ws=Pin(14),
                sd=Pin(13),
                mode=I2S.TX,
                bits=16,
                format=I2S.MONO,
                rate=spk_sample_rate,
                ibuf=8000)
```

物件的結構上與音訊輸入相同，但需要**根據輸出的音訊數據格式**來調整參數，因為此音訊放大器的最低輸出採樣率接近 8000 Hz，當輸出此音訊的採樣率設為 8000 Hz 時，錄音的音訊採樣率也需要同步使用 8000 Hz。

有了音訊輸出的物件後，接著開啟 input.pcm 錄音檔並以二進制唯讀模式 "rb" 讀取音訊數據：

```
with open("input.pcm", "rb") as f:
```

讀取整份音檔十分佔記憶體，所以我們使用串流分批讀取，每次只讀取 2048 位元組的數據，再將數據寫入到 I2S 音訊輸出物件，就可以從喇叭聽到剛才錄製的聲音了喔。

```
while True:
    data = f.read(2048)
    audio_out.write(data)
```

⚠ 每次讀取的大小並無固定數值，筆者測試在 ESP32 上讀取檔案大小為 2048 位元組最合適。

■ 程式設計

請開啟 **FM637A\範例程式\CH03** 資料夾中的 **LAB04.py** 程式：

LAB04.py

```
1    from machine import I2S, Pin
2    from chat_tools import *
3    import time
4    import gc
5
6    led_pin = Pin(5, Pin.OUT)
7    record_switch = Pin(18, Pin.IN, Pin.PULL_UP)
8
9    spk_sample_rate = 8000
10   mic_sample_rate = 8000
11   config(ssr=spk_sample_rate, msr=mic_sample_rate)
12
13   audio_out = I2S(1,
14                   sck=Pin(12),
15                   ws=Pin(14),
16                   sd=Pin(13),
17                   mode=I2S.TX,
18                   bits=16,
19                   format=I2S.MONO,
20                   rate=spk_sample_rate,
21                   ibuf=8000)
22   while True:
23       if record_switch.value() == 0:
24           record(11)
25           with open("input.pcm", "rb") as f:
26               print('\n---播放---')
27               while True:
28                   data = f.read(1024)
29                   if not data:
30                       data = None
31                       break
32                   audio_out.write(data)
33           gc.collect()
34       time.sleep(0.1)
```

- 第 4 行：匯入記憶體垃圾處理模組。

- 第 9 行：設定麥克風採樣率為 8000 Hz

- 第 10 行：設定音訊放大器採樣率為 8000 Hz

- 第 13～21 行：建立音訊放大器 I2S 物件

- 第 24 行：錄音函式

- 第 25 行：開啟 input.pcm 檔案

- 第 28 行：每次讀取 1024 位元組大小的資料

- 第 29 行：若沒有資料則不再讀取

- 第 32 行：將每次的資料寫入到音訊放大器中

- 第 33 行：回收 ESP32 的記憶體

■ 測試程式

請先將執譯器切換回 **MicroPyhton (一般)**，切換方式同 LAB03。

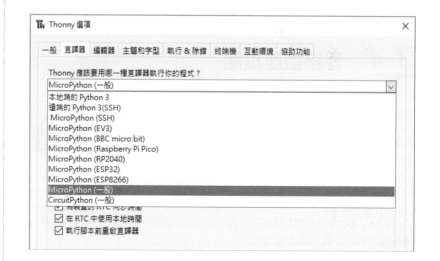

接著按 `F5` 執行程式，按住按鈕並說出一段話，放開按鈕後即可聽到喇叭播出回聲，以此確認整個語音設備都可以正常運作。

```
互動環境
>>> %Run -c $EDITOR_C(

MPY: soft reboot
---請說話---
🖉: 3 s
---說完了---

---播放---
```

I2S 配合音訊放大器除了可以播放 PCM 檔，也可以播放 WAV 檔的音樂喔，在之後的章節所播放的所有語音訊息、音樂都會使用 WAV 檔來播放，因為它的音訊數據附帶整個音訊的基本訊息，如採樣率、位元數、單\雙聲道等，我們可以根據現有語音設備，來調整音量、變更採樣率等功能，所以下一步就是探討如何播放 WAV 音檔，做出一個簡單的音樂播放器。

3-4 音訊插座模組

上一節使用喇叭作為音訊輸出，在測試語音設備十分方便，但如果想聽到更好的音質，或是需要大聲播放聲音，就需要外接播放裝置，如耳機、立體喇叭等等。為了能夠接上其他裝置，首先來認識 **TRRS 音訊插座模組**：

TRRS (Tip-Ring-Ring-Sleeve)，是一種音訊插座的類型，通常用於耳機、麥克風或喇叭及其他音訊設備的連接。

TRRS 腳位	功能
Tip (T)	左聲道輸出
Ring 1 (R)	右聲道輸出
Ring 2 (R)	GND
Sleeve (S)	麥克風輸入

本節帶大家利用音訊插座模組實作一個音樂撥放器，請自備帶有 **3.5mm 插頭**的耳機或喇叭，若手邊沒有則可以沿用上一實驗的喇叭作為播放裝置。

LAB05	實作音樂播放器
實驗目的	在 ESP32 上使用 I2S 與音訊放大器及音訊插座模組播放 WAV 音訊檔案。
材　料	• ESP32 • INMP441 麥克風模組 • MAX 98357 音訊放大器 • TRRS 音訊插座模組 • 3.5mm 耳機或喇叭 • 按鈕 • 麵包板 • 杜邦線若干

■ 接線圖

⚠ 省略麥克風線路。

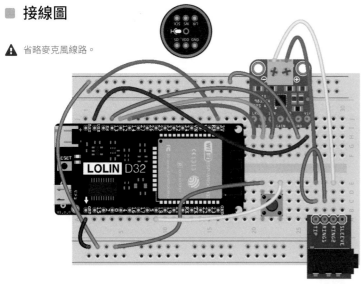

⚠ 若無 3.5mm 耳機或喇叭，同上一個實驗的接線。

Max98357	TRRS
正極	Tip、Ring1
負極	Ring2

⚠ TRRS 是雙聲道的插座，而 Max98357 是單聲道輸出，所以左聲道與右聲道都需要接上正極（同個聲道）。

音訊放大器與音訊插座模組接線時請使用**公 - 母杜邦線**及**公 - 公杜邦線**，如下圖：

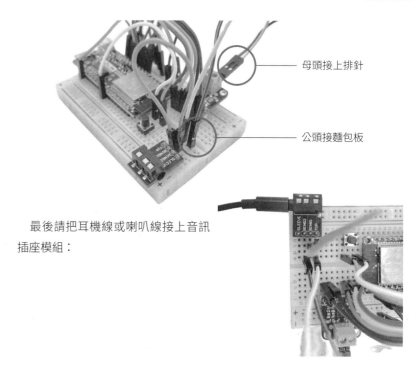

母頭接上排針

公頭接麵包板

最後請把耳機線或喇叭線接上音訊插座模組：

■ 設計原理

播放 WAV 檔與播放 PCM 檔案的原理相同，但 WAV 檔案多了附帶格式的訊息，這些訊息在整段數據的前 44 個位元組，所以在播放時需要跳過此部分：

```
wav_file = open('music.wav', 'rb')
header_size = 44
wav_file.seek(header_size)
```

跳過音訊檔案的前 44 個位元組。

接下來請跟著以下步驟上傳 music.wav 音樂檔至 ESP32 上。

若上一個程式正在執行會出現上傳錯誤，請先停止程式：

按此停止正在執行的程式

停止 / 重新啟動 後端程式 (Ctrl+F2)

接著進入到 **FM637A\範例程式\CH03\music** 資料夾中：

根據你的裝置來
選擇要上傳的音檔

⚠ 音樂檔案區分喇叭版與耳機版，音檔透過音訊放大器會提高音訊振幅，耳機的所需功率較低，
　需要降低原音檔的音量才不會異常大聲，而耳機版就是降低音量後的喇叭版。

⚠ 注意！請依照你的音訊裝置選擇耳機版或喇叭版，避免音量過大傷害到耳朵。

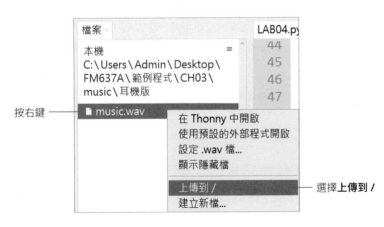

按右鍵

選擇**上傳到 /**

WAV 檔案是未壓縮的音檔且含有附加訊息所以檔案較大，上傳至 ESP32 所花的時間也會較久。本節的目的是在 ESP32 本機環境下播放音樂，之後我們會搭配 SERVER 採用更有效率的方式播放 WAV 檔，以達到即時播放的成果。

確認音檔已上傳
至 ESP32

此音檔的原採樣率是 8000 Hz, 所以接下來在 I2S 輸出音訊上也需要隨著調整成 8000 喔！

■ 程式設計

請開啟 **FM637A\範例程式\CH03** 資料夾中的 **LAB05.py** 程式：

LAB05.py

```
1    from machine import Pin, I2S
2    import gc
3
4    spk_sample_rate = 8000
5
6    audio_out = I2S(1, sck=Pin(12), ws=Pin(14),
7                    sd=Pin(13),
8                    mode=I2S.TX,
9                    bits=16,
10                   format=I2S.MONO,
11                   rate=spk_sample_rate,
12                   ibuf=8000)
13   gc.collect()
14   wav_file = open('music.wav', 'rb')
```

接下頁

```
15    chunk_size = 2048
16
17    header_size = 44
18    wav_file.seek(header_size)
19
20    while True:
21        wav_data = wav_file.read(chunk_size)
22        if not wav_data:
23            break
24        audio_out.write(wav_data)
25    wav_file.close()
26    audio_out.deinit()
27    gc.collect()
```

■ 測試程式

請按 [F5] 執行程式，接著喇叭會播放一段 10 秒的音樂～

MEMO

在本機建立伺服器

我們已經完成了硬體部份的語音設備了，接下來開始建立軟體部份 – Server 端。

理想的語音助理是一個獨立的設備，一邊處理語音錄製與播放聲音，同時處理 AI 訊息的串接，但因為 ESP32 的硬體限制（記憶體有限），所以我們需要建立語音助理的主機，讓使用者透過網路就可以使用語音助理的服務。

4-1　建立伺服器 - Server 端

Server 端其實就是一個可處理 HTTP POST 方法的伺服器，我們使用 flask 框架簡化 HTTP 伺服器的撰寫。在建立伺服器之前需要再開一個 Thonny 開發環境，請依照以下步驟開啟第二個視窗：

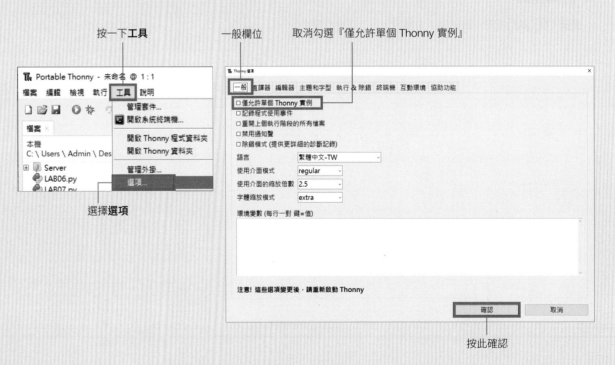

接著**關閉**原本的 Thonny 視窗，再重新開啟兩次 Thonny 程式，其中一個為 ESP32 依照前一章設定直譯器為 **Micropython 一般**，另一個為伺服器並設置直譯器為**本地端的 Python3**，為了方便操作可以將兩個視窗分割為螢幕的左右兩邊，如下：

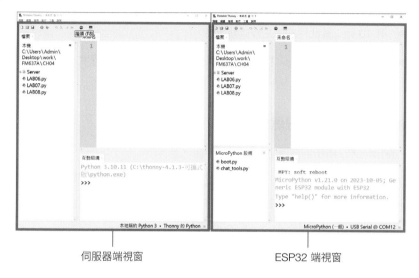

伺服器端視窗　　　　　　　　　　　　　ESP32 端視窗

接下來開始建立第一個 Server 吧！

LAB06　在本機端建立 Server

實驗目的	建立一個簡單的 Server 端，讓 ESP32 可以與伺服器聯繫並回傳文字到 ESP32 端。
材　料	• ESP32 • 麵包板

■ 接線圖

與上一個實驗接線相同。

■ 設計原理 - 伺服器端

請先切換到伺服器端的 Thonny (直譯器為本地端的 Python 3), 接下來跟著步驟安裝 flask 套件：

按一下**工具**

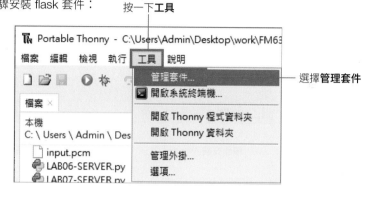

選擇**管理套件**

輸入 **flask**　　按一下第一個結果

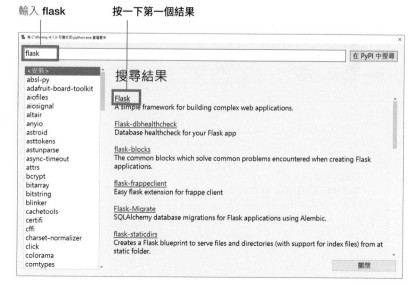

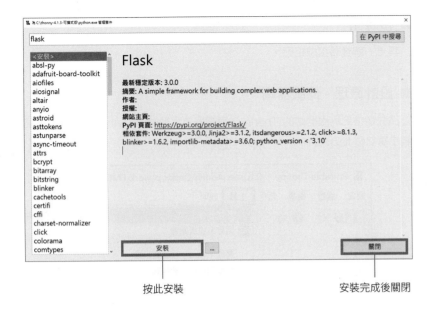

按此安裝　　　　　　　　安裝完成後關閉

- 第 1 行：匯入 Flask 模組

- 第 3 行：建立 Flask 物件

- 第 6 行：設定當收到針對 "/" 路徑的請求時自動執行下方的 hello 函式

- 第 8 行：回傳字串

- 第 10 行：當此程式為主程式執行時

- 第 11 行：啟動 flask 程式，要公開給外部使用的伺服器程式必須指定 IP 為 0.0.0.0

■ 程式設計 - 伺服器端

請在伺服器的 Thonny 視窗中開啟 **FM637A\ 範例程式 \CH04\Server** 資料夾的 **LAB06-SERVER.py**，我們先來看 HTTP 伺服器的程式：

```
LAB06-SERVER.py

1    from flask import Flask
2
3    app = Flask(__name__)
4
5    # 根目錄
6    @app.route("/")
7    def hello():
8        return "Welcome to the audio server!"
9
10   if __name__ == '__main__':
11       app.run(host='0.0.0.0', port=5000)
```

■ 測試程式 - 伺服器端

請按 [F5] 啟動伺服器：

限定本機連線的網址

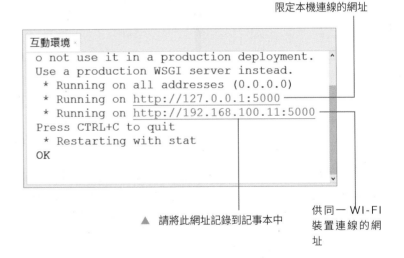

▲ 請將此網址記錄到記事本中

供同一 WI-FI 裝置連線的網址

要讓 ESP32 連線就需要使用第二個網址，並且 ESP32 跟電腦要處於同一個 WI-FI 環境下才能聯繫 Server。

請按一下剛才出現的第二個網址，接著會自動開啟預設瀏覽器顯示該網址的頁面：

供同網域連接的網址

可以看到以上頁面出現 Welcome to the audio server!，其實就是瀏覽器透過此網址向伺服器發送請求後，根目錄所回傳的文字。HTTP 協議中有兩種常見的請求方法，分別是 GET 和 POST，用於向伺服器請求**取得資料**或**上傳資料**。

下一步回到 ESP32 視窗上，首要任務是讓 ESP32 連上 Wi-Fi，使用 GET 請求伺服器的根目錄，並把回傳的字串顯示在互動環境上。

匯入 chat_tools.py 模組中所有的工具：

```
from chat_tools import *
```

工具中有負責連線 Wi-Fi 的函式：

```
wifi_connect("無線網路名稱", "無線網路密碼")
```

Python 中要向網站發送請求就需要使用到 requests 模組，而 MicroPython 中也有輕型的 urequests 模組：

```
import urequests
```

透過 requests 模組中的 get 方法向網址請求，便會得到伺服器回傳的資訊：

```
response = urequests.get(url)
```

程式設計 - ESP32 端

請切換至 ESP32 視窗並開啟 **FM637A\範例程式\CH04** 資料夾的 **LAB06.py** 程式：

```
LAB06.py
1    from chat_tools import *
2    import urequests
3
4    wifi_connect("無線網路名稱", "無線網路密碼")
5    url = '伺服器網址'
6
7    response = urequests.get(url)
8    print(response.text)
```

- 第 4 行：請填入自己的無線網路名稱跟無線網路密碼

- 第 5 行：請填入伺服器的網址

測試程式 - ESP32 端

請按 F5 執行程式，會在互動環境中看到伺服器回傳的文字：

WI-FI 名稱 ── 顯示已連線

成功取得伺服器回傳的文字

若無法連線 WI-FI 時,則會出現以下畫面:

```
互動環境
>>> %Run -c $EDITOR_CONTENT

MPY: soft reboot
WiFi 連線中...
```

會卡在連線中,一直嘗試連線

這時可能是名稱或密碼打錯了,請再次檢查無線網路名稱與密碼。

4-2 下載 Server 上的語音檔

GET 請求下載
音訊檔案

HTTP 伺服器不僅可以傳送文字,也能跟使用者互相傳輸各種檔案,其中 GET 請求可以向伺服器索要資料(下載),前提是伺服器端的程式有提供此請求的處理方式,接下來要在伺服器新增**下載音檔**請求的函式,讓 ESP32 可以下載來自 Server 的語音訊息。

LAB07　下載音檔

實驗目的	讓 Server 可以供 ESP32 下載語音檔。
材　料	• ESP32　　　　　　　　　• 喇叭 • INMP441 麥克風模組　　• 按鈕 • MAX 98357 音訊放大器　• 麵包板 • TRRS 音訊插座模組　　• 杜邦線若干

■ 接線圖

與 **LAB04** 實驗接線相同,請注意輸出音訊裝置是**喇叭**。

■ 設計原理 - 伺服器端

首先匯入必要的模組與函式:

```
from flask import Flask, send_file, abort
```

● send_file:用於傳送文件給使用者,常用於下載的請求。

● abort:用於終止請求並回傳一個 HTTP 錯誤的狀態碼。

> **軟體補給站**　常見錯誤的狀態碼
>
> 400 錯誤請求:伺服器無法處理請求,例如缺少必要的參數(下載檔案時沒附要下載的檔名)。
>
> 404 找不到:請求的路徑不正確或資料不在伺服器上。

新增下載音檔的功能，讓使用者發送 GET 請求至 **/download/ 檔案名稱**：

```
@app.route('/download/<filename>', methods=['GET'])
```

下載功能所執行的函式：

```
1    def download_file(filename):
2        if os.path.exists(filename): # 確認有回覆的音檔
3            return send_file(filename, as_attachment=True)
4        else:
5            return abort(404) # 沒有檔案則回覆 404
```

● 第 3 行：傳送文件給使用者，as_attachment 設為 True 代表使用者使用瀏覽器訪問時，會直接下載此檔案，若設為 False 則會顯現在頁面中。如果使用 Python urequests.get 發送請求則並不會受到此影響，會直接下載二進制數據。

■ 程式設計 - 伺服器端

請切換成伺服器視窗，開啟 **FM637A\ 範例程式 \CH04\Server** 資料夾的 **LAB07-SERVER.py** 程式。

⚠ 此音檔適用於喇叭，請勿接上耳機避免音量過大。在後續章節中會教各位如何透過程式調整音檔的音量。

本節的 **temp.wav** 範例音檔
與程式在同一路徑中

下一步我們來看看伺服器端的程式：

LAB07-SERVER.py

```
1    from flask import Flask, request, send_file, abort
2    import os
3
4    app = Flask(__name__) # 建立 app
5
6    # 根目錄
7    @app.route("/")
8    def hello():
9        return "Welcome to the audio server!"
10
11   # 下載音檔的路徑
12   @app.route('/download/<filename>', methods=['GET'])
13   def download_file(filename):
14       if os.path.exists(filename): # 確認有回覆的音檔
15           return send_file(filename, as_attachment=True)
16       else:
17           return abort(404) # 沒有檔案則回覆 404
18
19   if __name__ == '__main__':
20       app.run(host='0.0.0.0', port=5000)
```

■ 測試程式 - 伺服器端

請按 F5 執行程式：

```
互動環境
o not use it in a production deployment.
Use a production WSGI server instead.
 * Running on all addresses (0.0.0.0)
 * Running on http://127.0.0.1:5000
 * Running on http://192.168.100.11:5000
Press CTRL+C to quit
 * Restarting with stat
OK
```

擷取第二個網址（本套件伺服器程式若是連線同個 WI-FI 則網址都會相同）

取得網址後，下一步就是讓 ESP32 下載音檔。

設計原理 - ESP32 端

為了簡化程式，會使用工具函式庫中的幾個函式。

config() 函式可以方便將常用的變數傳入模組：

```
1    config(n_url=url, rb=2048, ssr=20000)
```

- n_url：伺服器的網址
- rb：read_buffer，緩衝區大小
- ssr：spk_sample_rate，音訊輸出採樣率

透過以上函式傳入到模組中，之後不用一直傳重複的參數給各個函式。

下載並播放音檔的函式：

```
audio_player(audio_flag, file_name):
```

此函式主要是下載並播放聲音，播放語音或音樂時還會產生不一樣的燈光效果，所以有一個 audio_flag 參數，當 audio_flag 為 True，則代表播放語音的燈效，False 則是播放音樂的燈效，本節會先設為 True。第二個參數是伺服器上語音檔的檔名。另外此函式會自行建立播放聲音的 I2S 物件，所以在主程式可以**不用再定義 audio_out**（音訊輸出的 I2S 物件）。

此函式將繁瑣的下載程式包裝成一個模組，讀者若有興趣可以查看 chat_tools 中的 audio_ player ()，接下來我們直接將下載的函式加入到主程式中。

程式設計 -ESP32 端

請切換成 ESP32 視窗並開啟 **FM637A\範例程式\CH04** 資料夾的 **LAB07.py** 程式：

LAB07.py

```
1    from machine import Pin, I2S
2    from chat_tools import *
3
4    record_switch = Pin(18, Pin.IN, Pin.PULL_UP)
5
6    wifi_connect("無線網路名稱", "無線網路密碼")
7    url = "伺服器網址"
8
9    config(n_url=url, rb=2048, ssr=20000)
10
11   while True:
12       if record_switch.value() == 0:
13           audio_player(True,'temp.wav')
```

- 第 6 行：請填入你的無線網路名稱與密碼

- 第 7 行：請填入伺服器網址

- 第 12 行：將常用的參數傳入模組中

- 第 13 行：下載並播放伺服器上的 temp.wav 音檔

測試程式 - ESP32 端

⚠ 注意！本節的實驗需播放下載的音檔，皆採用**喇叭**為輸出裝置，請勿接上耳機避免音量過大。

請按 `F5` 執行程式，等待無線網路連線：

```
互動環境

>>> %Run -c $EDITOR_CONTENT


MPY: soft reboot
WiFi 連線中...
WiFi: FLAG 已連線                           ── 無線網路連線成功
```

接著請按一下按鈕，ESP32 會下載並播放伺服器上的 temp.wav 音檔：

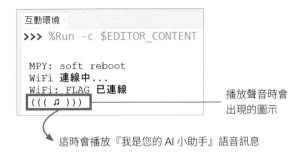

播放聲音時會出現的圖示

這時會播放『我是您的 AI 小助手』語音訊息

聽到伺服器播放的聲音代表 ESP32 已經成功從伺服器上下載音檔並使用串流播放。

4-3 上傳語音檔至 Server

POST 請求上傳音訊檔案

HTTP 中的 POST 請求可以上傳資料至伺服器，接下來要在伺服器新增**上傳音檔**請求的函式，讓 ESP32 可以上傳錄製的語音檔到伺服器上。

LAB08　上傳音檔

實驗目的	讓 Server 可以供 ESP32 上傳語音檔，並且播放上傳的錄音。
材　料	• ESP32　• 喇叭 • INMP441 麥克風模組　• 按鈕 • MAX 98357 音訊放大器　• 麵包板 • TRRS 音訊插座模組　• 杜邦線若干

■ 接線圖

與 **LAB07** 實驗接線相同，請注意輸出音訊裝置是**喇叭**。

■ 設計原理 - 伺服器端

首先匯入必要的模組與函式：

```
from flask import Flask, request, send_file, abort
```

● request：用於處理使用者發起的請求，可以得到請求中的資料與參數。

接著為伺服器新增上傳音檔的功能：

```
@app.route("/upload_audio", methods=["POST"])
```

上述路徑設為 /upload_audio，代表使用者向**網址** + /upload_audio 發送 POST 請求，接著伺服器就會執行以下函式 (上傳音檔)：

```
1    def upload_audio():
2        audio_data = request.data
3        with open("input.pcm", "wb") as audio_file:
4            audio_file.write(audio_data)
5        return "上傳成功"
```

● 第 3～4 行：把音訊數據寫進 input.pcm 檔中，"w" 代表寫入文件，且會建立或者覆蓋原有文件。"b" 代表以二進制形式寫入。

■ 程式設計 - 伺服器端

請切換到伺服器視窗並開啟 **FM637A\ 範例程式 \CH04\Server** 資料夾的 **LAB08-SERVER.py** 程式。

```
LAB08-SERVER.py
1   from flask import Flask, request, send_file, abort
2   import os
3
4   app = Flask(__name__) # 建立 app
5
6   # 根目錄
7   @app.route("/")
8   def hello():
9       return "Welcome to the audio server!"
10
11  # 上傳PCM音檔
12  @app.route("/upload_audio", methods=["POST"])
13  def upload_audio():
14      audio_data = request.data
15      with open("input.pcm", "wb") as audio_file:
16          audio_file.write(audio_data)
17      return "上傳成功"
18
19  # 下載音檔的路徑
20  @app.route('/download/<filename>', methods=['GET'])
21  def download_file(filename):
22      if os.path.exists(filename): # 確認有回覆的音檔
23          return send_file(filename, as_attachment=True)
24      else:
25          return abort(404) # 沒有檔案則回覆 404
26
27  if __name__ == '__main__':
28      app.run(host='0.0.0.0', port=5000)
```

■ 測試程式 - 伺服器端

請按 F5 啟動伺服器並複製互動視窗顯示的第二個伺服器網址。

```
互動環境
>>> %Run LAB08-SERVER.py

 * Serving Flask app 'LAB08-SERVER'
 * Debug mode: off
WARNING: This is a development server.
 Do not use it in a production deploym
ent. Use a production WSGI server inst
ead.
 * Running on all addresses (0.0.0.0)
 * Running on http://127.0.0.1:5000
 * Running on http://172.16.0.252:5000
Press CTRL+C to quit
```

■ 設計原理 - ESP32 端

程式與上個實驗相似，不過需要新增上傳音檔的部分，我們使用 chat_tools 中上傳音檔的函式：

```
response = upload_pcm(pcm_file)
```

pcm_file 為錄製的 PCM 音檔，此函式最後會回傳伺服器傳回的訊息。

ESP32 向伺服器發起請求的過程**很占用記憶體**，無法像 LAB04 長時間錄製，本實驗只能錄製 3 秒鐘的時長，後續章節不需要播放錄製的聲音，所以聲音輸入採樣率會調小，以減少 ESP32 的記憶體。

■ 程式設計 -ESP32 端

請切換到 ESP32 視窗並開啟 **FM637A\範例程式\CH04** 資料夾的 **LAB08.py** 程式：

LAB08.py

```python
1    from machine import Pin, I2S
2    from chat_tools import *
3    import time
4
5    led_pin = Pin(5, Pin.OUT)
6    record_switch = Pin(18, Pin.IN, Pin.PULL_UP)
7
8    wifi_connect("無線網路名稱", "無線網路密碼")
9    url = "伺服器網址"
10
11   read_buffer = 2048
12   spk_sample_rate = 8000
13   mic_sample_rate = 8000
14   config(url, read_buffer, spk_sample_rate, mic_sample_rate)
15
16   while True:
17       if record_switch.value() == 0:
18           record(3)
19           server_text = upload_pcm()
20           print(f'server_text: {server_text}')
21           delete_files('input.pcm')
22           audio_player(True,'input.pcm')
```

- 第 19 行：上傳錄音檔至 Server

- 第 22 行：下載並播放 Server 上的錄音檔

■ 測試程式 - ESP32 端

⚠ 注意！本節的實驗需播放下載的音檔，皆採用**小喇叭**為輸出裝置，請勿接上耳機避免音量過大。

請按 F5 執行程式，等待無線網路連線：

無線網路連線成功

接著請按住按鈕並錄製語音。

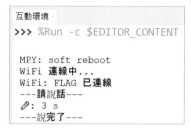

錄製完畢後會上傳錄音檔至伺服器，可以透過 server_text 確認上傳是否成功：

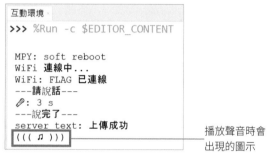

播放聲音時會出現的圖示

可以切換到伺服器視窗觀察是否有上傳的錄音檔：

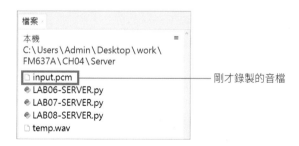

剛才錄製的音檔

現在我們已經建立起 ESP32 跟 Server 的聯繫方法了，下一步要解決的是把我們的聲音轉換成文字 -Speech To Text, 讓語言模型可以讀懂我們所講的話。

05

實作語音辨識 使用 OpenAI API

在生活中時常看到語音辨識的影子，例如逐字稿的會議紀錄軟體、Apple 的 Siri 助理、語音轉文字簡訊等，只要透過麥克風蒐集使用者說的話就可以把文字顯現出來，改變不少人紀錄訊息的方式，OpenAI 也開發了語音轉文字的 whisper 模型，可以精準且快速的辨識話語，還能混用語言來辨識，本套件就用 OpenAI 的 Speech To Text API (STT) 作為語音辨識的核心，接下來我們來看看如何實作出語音辨識的裝置。

5-1　語音辨識原理

　　語音辨識技術是將人們說話的聲音轉換成文字，早期的研究可以追溯至 20 世紀初期，研究員提取出特定詞語的聲波，並且找出該聲波的特徵 (說這個詞語時明顯出現的波型)，接著透過統計模型來處理音訊訊號，最後成功辨識出特定指令的聲波。

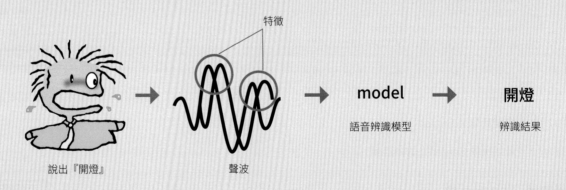

說出『開燈』　　　聲波　　　特徵　　　model 語音辨識模型　　　開燈 辨識結果

　　如今電腦的計算能力大幅提升，引入了深度學習技術，以及富含多種詞語庫的輔助，讓語音辨識越來越精準。

5-2 認識 OpenAI API

本套件所有語音與文字間的轉換都會使用付費的 OpenAI API 來串接，接下來請跟著步驟註冊 OpenAI API key，而後續也需要用這把鑰匙取得跟 ChatGPT 的聯繫。

■ 註冊 API KEY

請開啟瀏覽器，前往 **https://platform.openai.com/login** 用你的 ChatGPT 帳號登入 OpenAI

輸入你的 Email

按此繼續

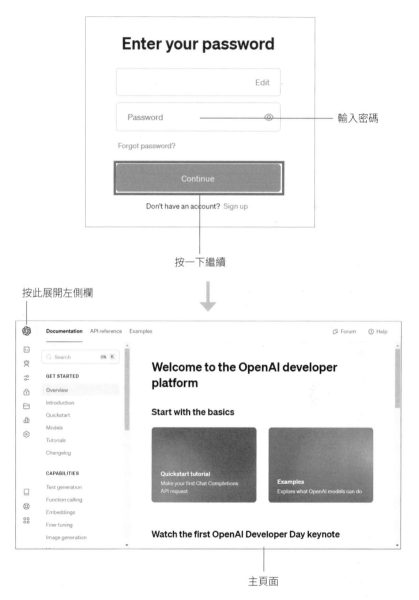

輸入密碼

按一下繼續

按此展開左側欄

主頁面

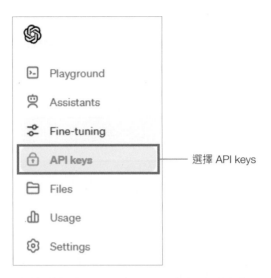 選擇 API keys

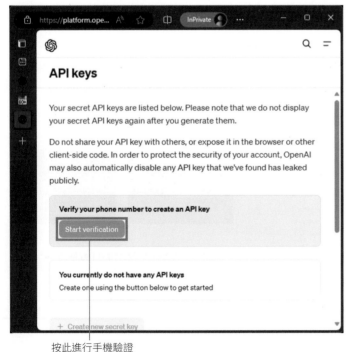 按此進行手機驗證

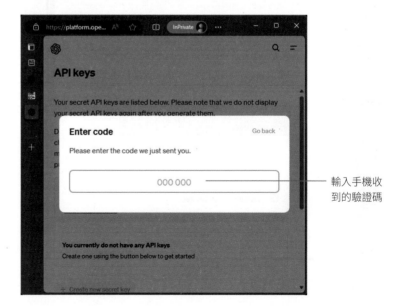

輸入手機號碼

輸入手機收到的驗證碼

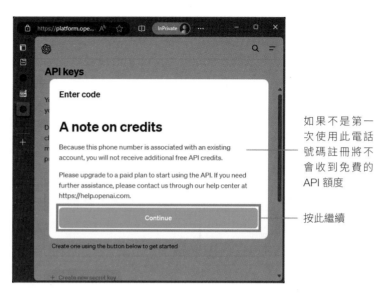

如果不是第一次使用此電話號碼註冊將不會收到免費的 API 額度

按此繼續

⚠ 使用同一門號驗證的註冊帳戶，只有第一個帳戶會取得 5 美金額度，其餘帳戶就不會再有免費額度可用。

按此建立新的 API key

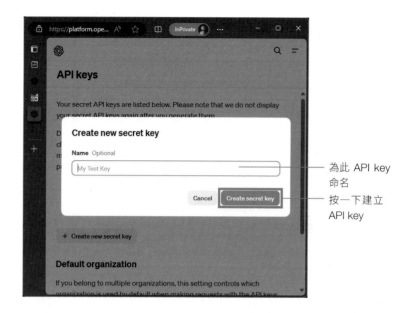

為此 API key 命名

按一下建立 API key

金鑰會顯示在這裡，只會顯示一次

複製到剪貼簿，建議開啟**記事本**紀錄

按一下完成

你可以隨時回到此頁面註銷金鑰或是建立新的金鑰，如果剛才沒有記錄到金鑰，就只能建立新的金鑰使用了。

檢查目前用量

對於 ChatGPT 的新註冊用戶，一開始都會贈送 5 美元的額度，可以在以下頁面查詢目前的用量與可用額度。

按此查看目前用量　　　　　目前用量 —— 可用額度

若是早期註冊用戶，5 美金會有三個月效期的限制：

5 美金已過期的畫面

申請付費帳號

對於一般練習來說 5 美元已足夠使用，倘若用完了免費額度或免費額度已過期，想要繼續使用 OpenAI API，可以成為付費會員，以下我們來看看如何申請付費帳號。

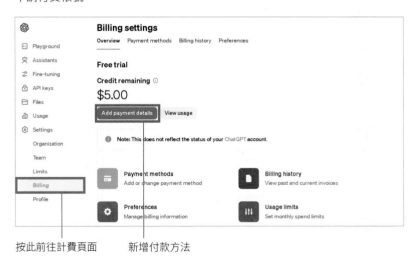

按此前往計費頁面　　　新增付款方法

50

What best describes you? ✕

👤 Individual
I'm an individual ❯

👥 Company
I'm working on behalf of a company ❯

依照個人或公司名義點選

Add payment details ✕

Add your credit card details below. This card will be saved to your account and can be removed at any time.

Card information

| 💳 卡號 | 月/年 | CVC |

Name on card

Billing address

| Country | ⌄ |

Address line 1

Address line 2

| City | Postal code |

State, county, province, or region

Cancel   Continue

填寫付款資訊後按此完成設定

Configure payment ✕

Initial credit purchase

$ 10 ──── 設定加值的額度

Enter an amount between $5 and $100   Model pricing

Would you like to set up automatic recharge?

⚪ Yes, automatically recharge my card when my credit balance falls below a threshold

When credit balance goes below

$

Enter an amount between $5 and $95

Bring credit balance back up to

$

Enter an amount between $10 and $100

Back   Continue ──── 按此繼續

Payment summary ✕

Due today

Description	Amount
OpenAI API usage credit	$10.00
Estimated tax	$0.00
Estimated total	$10.00

──── 付款摘要

Payment method

VISA ••••7574
Expires 06/2028

By continuing you agree to our service credit terms. Paid credits are non-refundable and expire one year from purchase date.

Back   Confirm payment ──── 按一下完成付款

接下來就可以安心使用 OpenAI API 了,若是額度用完再依照以上步驟儲值即可。

LAB09	實作語音辨識
實驗目的	利用 ESP32 錄製一段話後，上傳至 Server 並將此語音轉成文字回傳給 ESP32。
材　料	• ESP32 • INMP441 麥克風模組 • 按鈕 • 麵包板 • 杜邦線若干

■ 接線圖

同上個實驗。

■ 設計原理 - 伺服器端

OpenAI API 提供的 **whisper-1 模型** 是基於 OpenAI 自己訓練的開源語音辨識系統 Whisper，在英語識別上已經成熟，其他語言如：中文、日文、泰文經筆者測試也能夠精準辨識出來，辨識速度十分快速。它的費用也很親民，輸入的音訊檔案每分鐘只需 0.006 美元，在語音助理的應用上，使用者大約在十秒內可以說完一段話，計算下來成本不高；需要注意的是 whisper-1 只支援以下 7 種音訊檔案格式：mp3、mp4、mpeg、mpga、m4a、wav 和 webm。

我們的錄音檔傳給 Server 時是 PCM 檔，需要將其轉換成 whisper-1 可以支援的格式，這裡選擇轉換成檔案較小的 mp3，而以上繁瑣的程式都包裝在旗標自製的 Chat_Module 中，所以需要先匯入此模組：

```
from Chat_Module import *
```

接著是建立一個資料夾 uploads，用來存放 ESP32 上傳或是下載的檔案：

```
make_upload_folder('uploads')
```

最後呼叫將語音轉文字的函式：

```
user_text,error_info = speech_to_text()
```

此函式會自動將 input.pcm 轉檔成 mp3 檔，並將檔案傳給 whisper-1 模型，最後回傳語音辨識的結果與錯誤訊息。

⚠ 當錄音時長不到 1 秒時會導致 API 回傳音訊檔案過短的訊息『Audio file is too short.』。

■ 程式設計 - 伺服器端

請開啟 **FM637A\CH05\Server** 資料夾中的 **LAB09-SERVER.py** 程式。

由於語音辨識 API 需要 OpenAI API key，我們使用 .env 檔案儲存金鑰，當程式執行時會自動將 .env 檔內的 API key 存入環境變數中，讓模組方便取用。

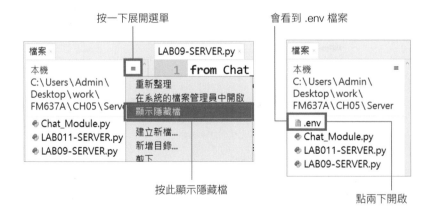

按一下展開選單　　會看到 .env 檔案

按此顯示隱藏檔　　點兩下開啟

請將此改成你的 API key

更改後的結果

接著請按照以下步驟安裝相關套件：

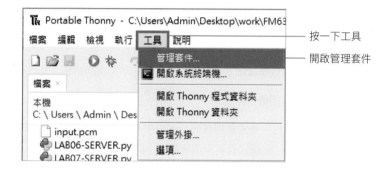

按一下工具

開啟管理套件

按此安裝

python-dotenv 套件用於讀取 .env 檔並將資料存入環境變數內。

再接著安裝 openai 套件。

輸入 python-dotenv 後按 Enter 搜尋

按一下 python-dotenv

搜尋 openai

按一下 openai

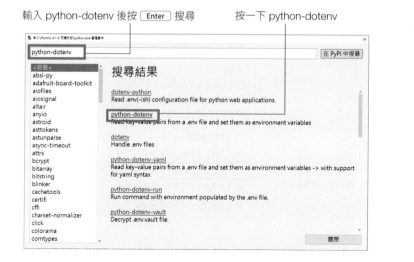

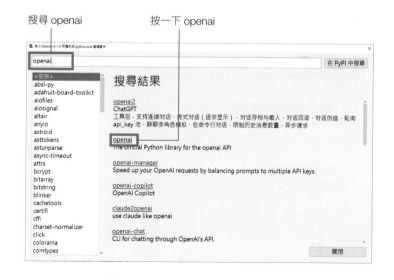

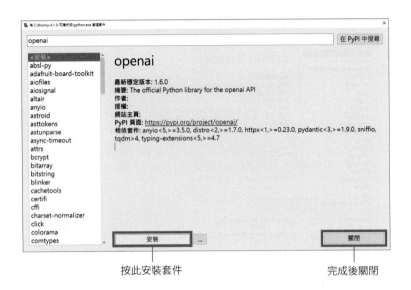

按此安裝套件　　　　　　　　　　完成後關閉

```
13    # 上傳PCM音檔
14    @app.route("/upload_audio", methods=["POST"])
15    def upload_audio():
16        audio_data = request.data
17        with open("uploads/input.pcm", "wb") as audio_file:
18            audio_file.write(audio_data)
19        user_text,error_info = speech_to_text()
20        print(user_text)
21        print('Error_info:',error_info)
22        return user_text
23
24    if __name__ == '__main__':
25        app.run(host='0.0.0.0', port=5000, debug=False)
```

- 第 19 行：語音辨識函式，回傳辨識完的文字與錯誤訊息

- 第 22 行：只回傳辨識結果

辨識語音的過程中會需要轉檔成 mp3 再傳給 API, 程式會依賴音檔轉換工具 – ffmpeg.exe，此程式需要與伺服器同一路徑才能運作。

⚠ macOS 環境請使用 ffmpeg.Unix (同 CH03)，下載教學：https://hackmd.io/@flagmaker/SkrK2JyHT

為了讓 OpenAI API 更方便使用，專案附帶 Chat_Module 模組內部已經處理好 OpenAI API 的相關資訊，讀者可以不用額外撰寫程式。

LAB09-SERVER .py

```
1     from Chat_Module import *
2     from flask import Flask, request
3
4     # 建立 uploads 資料夾
5     make_upload_folder('uploads')
6     app = Flask(__name__) # 建立 app
7
8     # 根目錄-測試用
9     @app.route("/")
10    def hello():
11        return "Welcome to the audio server!"
12
```

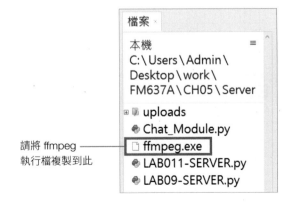

請將 ffmpeg
執行檔複製到此

54

■ 測試程式 - 伺服器端

請按 F5 執行程式並複製出現的伺服器網址。

■ 設計原理 - ESP32 端

因為接下來不會再播放錄音檔，所以將錄音採樣率改降低 4000 Hz，不僅可以延長錄製時間到 7 秒，還可以大幅減少 ESP32 耗用的記憶體。

```
mic_sample_rate = 4000
```

ESP32 端的程式與 LAB08 相像，只保留上傳語音檔的程式，並顯示出辨識結果：

```
server_reply = upload_pcm()
print(f'語音辨識: {server_reply}')
```

■ 程式設計 -ESP32 端

請打開 **FM637A\ 範例程式 \CH05** 資料夾中的 **LAB09.py**。

```
LAB09.py
1    from machine import Pin, I2S
2    from chat_tools import *
3    import urequests
4    import time
5
6    led_pin = Pin(5, Pin.OUT)
7    record_switch = Pin(18, Pin.IN, Pin.PULL_UP)
8
9    wifi_connect("無線網路名稱", "無線網路密碼")
10   url = "伺服器網址"
11
12   config(n_url=url, msr=4000)
13
14   while True:
15       if record_switch.value() == 0:
16           record(7)
17           server_reply = upload_pcm()
18           print(f'語音辨識: {server_reply}')
19       time.sleep(0.1)
```

- 第 9 行：請填入無線網路名稱與密碼

- 第 10 行：請填入伺服器網址

■ 測試程式 -ESP32 端

請按 F5 執行程式：

確認無線網路已連線

接著按住按鈕並說一段話如：從前從前有一個巨大的王國

伺服器回傳的辨識結果

我們可以回到伺服器觀察伺服器的狀況：

互動環境
* Debug mode: off
WARNING: This is a development server. Do
server instead.
* Running on all addresses (0.0.0.0)
* Running on http://127.0.0.1:5000
* Running on http://192.168.100.11:5000
Press CTRL+C to quit
從前從前有一個巨大的王國
Error_info:
192.168.100.14 - - [22/Dec/2023 14:30:42]

辨識結果
正確

若無錯誤
訊息則是
空字串

有了語音辨識就可以完成很多任務，後續會將語音辨識結合控制 RGB
LED 燈的應用，利用簡單的指令來變換燈色。

5-3　認識 RGB LED 燈

RGB LED 燈 (以下簡稱 RGB 燈) 與之前介紹的 LED 燈有著同樣的原理，
燈體內部包含三個獨立的 LED，分別對應紅 (Red) 、綠 (Greed) 和藍 (Blue)
光。每個 LED 都可以單獨控制，通過調節它們的亮度可以混合產生不同的顏
色。

此套件附帶的 RGB 燈的最長針腳
為共陰極 (GND)，也就是所有 LED 的
負極都連在一起，剩餘的針腳要各自
連到不同的數位腳位控制個別顏色的
LED 燈。

Blue ——　—— Red

Green ——

特別長的針腳為 GND

接下來請跟著實驗控制 RGB 燈的開關及顏色。

LAB10　**控制 RGB LED 燈**	
實驗目的	使用 ESP32 的數位腳位控制 RGB LED 的亮度並融合出各種色彩，實作出七彩的呼吸燈。
材　料	• ESP32 • RGB LED 燈 • 麵包板 • 杜邦線若干

◼ 接線圖

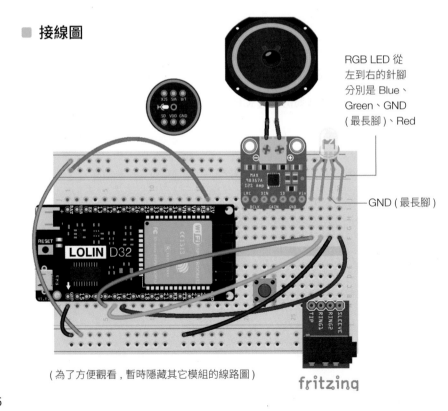

RGB LED 從
左到右的針腳
分別是 Blue、
Green、GND
(最長腳)、Red

GND (最長腳)

(為了方便觀看，暫時隱藏其它模組的線路圖)

fritzing

ESP32	RGB LED
17	Red
GND	GND (最長腳)
16	Green
4	Blue

⚠ 注意！請勿從 RGB LED 燈上方直視燈泡，避免過亮可自行加工 ESP32 附帶的泡棉，將泡棉挖出一個小凹洞後套上 RGB LED 燈，讓燈光間接發光也更加美觀。

■ 設計原理 - ESP32 端

Chat_tools 中已有可以直接控制 RGB 燈的函式：

```
set_color(red, green, blue)
```

set_color() 的三個參數分別是紅燈、綠燈及藍燈的顏色值 (用來調整亮度)，每個參數範圍是 0～1023，1023 是最大亮度，當三者皆為 1023 時則會顯現白色光。

以下是基礎顏色對照表：

燈色	(R、G、B) 參數
白色	(1023, 1023, 1023)
紅色	(1023, 0, 0)
綠色	(0, 1023, 0)
藍色	(0, 0, 1023)
黃色	(1023, 1023, 0)
紫色	(1023, 0, 1023)
藍綠色	(0, 1023, 1023)

以上基礎色是利用不同亮度所混出的顏色，也可以配出更多不一樣的色彩，如：桃花色 (902, 609, 722), 還可以做出一個七彩循環呼吸燈，在 chat_tools 中有一個循環燈函式：

```
start_rainbow()  # 循環燈
```

呼叫 start_rainbow() 就能讓 RGB LED 燈產生七彩循環效果。

另外還有熄滅 RGB 燈的函式：

```
close_light()  # 關燈
```

■ 程式設計 - ESP32 端

請打開 FM637A\ 範例程式 \CH05 資料夾中的 LAB10.py。

```
LAB10.py
1    from machine import Pin
2    from chat_tools import *
3    import time
4
5    set_color(902,609,722) # 桃花色
6    time.sleep(5)
7    close_light()
8    time.sleep(1)
9    start_rainbow()
```

■ 測式程式 - ESP32 端

請按 F5 執行程式，RGB 燈會持續亮桃花色 5 秒鐘，接著開啟循環燈七彩漸變模式。

5-4 語音聲控燈

語音聲控裝置在現今已經不稀奇了，目前市面上的語音聲控常採用關鍵字例如：打開冷氣、呼叫掃地機器人等等，接下來我們會結合語音辨識與控制 RGB 燈，實作出一個簡易的語音聲控燈，透過關鍵字對應燈色的方式，只要說出顏色就能變換 RGB 的燈色。

LAB11　語音口令聲控燈

實驗目的	利用語音辨識出的關鍵字控制 RGB 燈的開關、燈色變換。
材　　料	• ESP32　　　　　　• 按鈕 • RGB LED 燈　　　• 麵包板 • INMP441 麥克風模組　• 杜邦線若干

■ 接線圖

同 LAB 10 接線圖。

■ 設計原理 - 伺服器端

首先建立有哪些可用的關鍵字，只要使用者說的話中含有以下詞語就會回傳關鍵字：

關鍵字
開燈
白色
紅色
綠色
藍色
黃色
紫色
藍綠色
循環燈
關燈

當使用者說『我想要藍色燈』，關鍵字為**藍色**，接著 ESP32 會收到伺服器回傳的關鍵字，RGB 燈的顏色就會變成藍色，我們把以上表格轉換成一個串列：

```
light_list = ['開燈','白色','紅色','綠色','藍色','黃色','紫色',
    '藍綠色','循環燈','關燈']
```

如果用一般迴圈匹配語句中是否有關鍵字時，會發生以下問題，使用者說『我想要**藍綠色**的燈』，會優先對應到**綠色**關鍵字，但關鍵字其實是藍綠色，所以我們需要先將串列內的字串長度由大到小排列：

```
max_light_list = sorted(light_list, key=len, reverse=True)
```

sorted 用途是由小排到大，key 參數可指定排序方式，本例是指定 len 函式依據每個元素的長度來排列，reverse 代表是否反轉排列方式，也就是由大排到小。

排列完成後就要比對是否有關鍵字出現在語句中：

```
match_cmd = [keyword for keyword in max_light_list
                    if keyword in user_text]
```

match_cmd 會列出所有符合的關鍵字,**第一個元素**才是正確的,如:[" 藍綠色 "," 綠色 "]。

接著我們記錄正確的關鍵字到 cmd 中:

```
cmd = match_cmd[0]
```

我們在伺服器原本的基礎上設計一個 chat() 函式,是負責上傳與下載功能**以外**的所有任務,讓原本的 upload_audio() 與 download_file() 只有單純的上傳與下載功能。本次實驗並不會從喇叭播出語音,所以可以省略 download_file() 的下載部分。

chat() 函式負責語音辨識、查找關鍵字,會回傳兩個資訊給 ESP32:

變數	變數含意
user_text	語音辨識結果
cmd	關鍵字

最後將以上兩個變數組合成一個字典,並使用 json 格式回傳此字典:

```
reply_dict = {"user":user_text, "cmd":cmd}
return jsonify(reply_dict)
```

如此一來 ESP32 就可以透過 json 格式取得以上資料。

■ 程式設計 - 伺服器端

請開啟 **FM637A\CH05\Server** 資料夾中的 **LAB11-SERVER.py** 程式。

LAB11-SERVER.py

```
1   from Chat_Module import *
2   from flask import Flask, request, jsonify
3
4   app = Flask(__name__)
5   uploads_dir = make_upload_folder('uploads')
6
7   # 根目錄
8   @app.route("/")
9   def hello():
10      return "Welcome to the audio server!"
11
12  # 上傳PCM音檔 input.pcm
13  @app.route("/upload_audio", methods=["POST"])
14  def upload_audio():
15      audio_data = request.data
16      with open(f'{uploads_dir}/input.pcm', "wb") as audio_file:
17          audio_file.write(audio_data)
18      return "上傳成功"
19
20  @app.route("/chat", methods=["GET"])
21  def chat():
22      cmd = ''
23      user_text,error = speech_to_text() # 語音檔轉文字
24      light_list = ['開燈','白色','紅色','綠色','藍色','黃色','紫色',
25                    '藍綠色','循環燈','關燈']
26      max_light_list = sorted(light_list, key=len, reverse=True)
27      match_cmd = [keyword for keyword in max_light_list
28                          if keyword in user_text]
29      if match_cmd:
30          cmd = match_cmd[0]
31      reply_dict = {"user":user_text,"cmd":cmd}
32      print(reply_dict)
33      return jsonify(reply_dict)
34
35  if __name__ == '__main__':
36      app.run(host='0.0.0.0', port=5000)
```

- 第 20 行：定義 chat 路徑為 get 請求

- 第 22 行：參數初始值

- 第 24 行：關鍵字串列

- 第 26 行：將串列中的字串長度由大排到小

- 第 27 行：查找符合的關鍵字

- 第 29 行：當語句中出現關鍵字

- 第 33 行：回傳使用者說的話、Server 回傳文字、指令

■ 測試程式 - 伺服器端

請按 [F5] 執行程式並複製出現的伺服器網址。

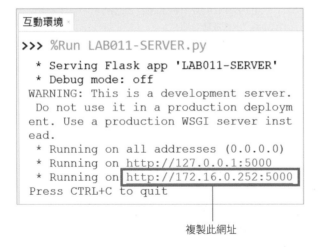

複製此網址

■ 設計原理 - ESP32 端

我們需要先建立關鍵字對應到顏色的 set_color() 的字典，當接收到伺服器的關鍵字後，就可以執行相對應的顏色函式：

```python
function_mapping = {
    "開燈": lambda: set_color(1023, 1023, 1023),
    "白色": lambda: set_color(1023, 1023, 1023),
    "紅色": lambda: set_color(1023, 0, 0),
    "綠色": lambda: set_color(0, 1023, 0),
    "藍色": lambda: set_color(0, 0, 1023),
    "黃色": lambda: set_color(1023, 1023, 0),
    "紫色": lambda: set_color(1023, 0, 1023),
    "藍綠色": lambda: set_color(0, 1023, 1023),
    "循環燈": lambda: start_rainbow(),
    "關燈": lambda: close_light(),
}
```

伺服器回傳 json 格式的字典：

```python
server_reply = chat(url)
```

取得 cmd 顏色關鍵字：

```python
cmd = server_reply["cmd"]
```

接著依照關鍵字呼叫函式：

```python
1    if cmd in function_mapping:
2        function = function_mapping[cmd]
3        function()
```

我們希望按按鈕錄音時 RGB 燈會發出白光直到錄音完畢，此燈光特效也加入錄音的函式中：

```python
record(7, LED=True)
```

- 當 LED 為 True 時，錄音時就會亮白光，若為 False 則不會亮。

60

■ 程式設計 - ESP32 端

請打開 **FM637A\ 範例程式 \CH05** 資料夾中的 **LAB11.py**。

LAB11.py

```python
1   from machine import I2S, Pin
2   from chat_tools import *
3
4   record_switch = Pin(18, Pin.IN, Pin.PULL_UP)
5
6   wifi_connect("無線網路名稱", "無線網路密碼")
7   url = "伺服器網址"
8
9   config(n_url=url, rb=2048, ssr=30000, msr=4000)
10
11  function_mapping = {
12      "開燈": lambda: set_color(1023, 1023, 1023),
13      "白色": lambda: set_color(1023, 1023, 1023),
14      "紅色": lambda: set_color(1023, 0, 0),
15      "綠色": lambda: set_color(0, 1023, 0),
16      "藍色": lambda: set_color(0, 0, 1023),
17      "黃色": lambda: set_color(1023, 1023, 0),
18      "紫色": lambda: set_color(1023, 0, 1023),
19      "藍綠色": lambda: set_color(0, 1023, 1023),
20      "循環燈": lambda: start_rainbow(),
21      "關燈": lambda: close_light(),
22  }
23
24  while True:
25      if record_switch.value() == 0:
26          record(7, LED=True)
27          response = upload_pcm()
28          if response == "error":
29              continue
30          server_reply = chat(url)
31          cmd = server_reply["cmd"]
32          print(f'你: {server_reply["user"]}')
33          print(f'關鍵字: {cmd}')
34          gc.collect()
35
36          if cmd in function_mapping:
37              function = function_mapping[cmd]
38              function()
```

- 第 6 行：請填入你的無線網路名稱與密碼
- 第 7 行：請填入伺服器網址
- 第 11~22 行：建立關鍵字 - 函式字典
- 第 26 行：錄音函式
- 第 28~29 行：當上傳出錯時則跳過此次迴圈
- 第 30~32 行：取得回傳字典中的資料
- 第 36~38 行：呼叫關鍵字對應的函式

■ 測試程式 - ESP32 端

請按 F5 執行程式，確認**已連上無線網**路後，按住按鈕說出『**開啟黃色燈**』。

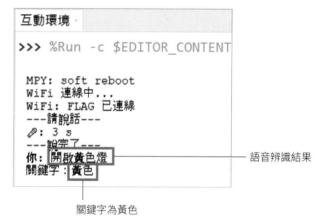

語音辨識結果

關鍵字為黃色

最後會看到 RGB 燈點亮黃色燈，如此一來就完成一個簡易聲控燈了，與大部分聲控裝置的原理相同，但此類的聲控會受到關鍵字限制，若是說出『來點浪漫氛圍燈』就破功了，我們希望不用說出關鍵字也能讓 AI 知道你想要開什麼樣的燈，為了解決這樣的問題，接下來要加入 GPT 的元素，建立最重要的語音對話部分。而在之後的章節也會利用語言模型強大的理解語意能力——完成各項功能。

建立 GPT 助理

相信大家都有使用過網頁版的 ChatGPT，但一成不變的文字訊息總是了無新趣，所以本章著重在翻轉以往純文字介面的語言模型，由文字轉換成語音的方式，拉近 GPT 與我們之間的距離，在此之前仍需帶大家熟悉使用 OpenAI API 跟 AI 聊天，再利用 OpenAI API 提供的文字轉語音模型做出一個可以說話的 AI 小助理！

6-1　AI 聊天模式

撰寫與 OpenAI API 互動的聊天程式相對複雜，為了快速並有效地進行串接，我們已經將 Chat API 整理成一個模組。透過這個模組可以輕鬆地的與 AI 進行一對一的即時對話。

LAB12　和 GPT 聊天

實驗目的　　建立 GPT 的聊天程式，熟悉聊天模組的參數與功能。

⚠ 本實驗皆在伺服器端執行，無需使用到 ESP32 與其他零件。

接著讓我們直接進入語言模型的世界吧！

■ 設計原理 - 伺服器端

ChatGPT 背後其實就是大型語言模型 GPT，本套件會利用 OpenAI 開發的 GPT 作為基礎建立 AI 助理。

使用語言模型之前需要設定初始參數，並指定模型版本：

⚠ 本套件皆使用 gpt-3.5-turbo 作為主要模型，其能力即可完成接下來的各項任務，價格上也較為便宜，若有需求也可自行更換成其他模型。

```
config(backtrace = 3,
       system = "請使用繁體中文簡答，並只講重點。",
       model="gpt-3.5-turbo",
       max_tokens=500)
```

- backtrace：記錄對話的組數。
- system：設置系統訊息，描述助理的角色設定或對角色的要求。
- model：設置語言模型版本
- max_tokens：限制模型回傳的 tokens 數量

當使用者輸入訊息到聊天函式時，就會傳送訊息給 AI 並等待回傳結果，每次對話都是獨立的，為了可以延續之前的話題，我們會將對話記錄下來，下一次談話時連同之前的對話紀錄一併傳給 GPT，就可以讓聊天保持脈絡，但相對的所消耗的 tokens 越多，本套件只會記錄 3 組對話，如需增加對話組數可以調整 backtrace 參數。

⚠ token 是模型處理時的最小單位，也是 OpenAI API 計價的單位，你輸入給模型的文字都會被拆解成 tokens，稍後的實驗會看到具體的 token 樣貌。

我們直接使用 Chat_Module.py 裡整合聊天的函式：

```
reply, error_info, _ = chat_function(user_text)
```

參數：

- user_text：使用者輸入的文字

回傳值：

- reply：模型回覆的訊息
- error_info：錯誤訊息
- _：額外的指令，後續章節才會用到。

以上函式會放在迴圈中讓使用者可以不斷跟 GPT 文字聊天，因此也設置了中斷迴圈的條件：

```
if user_text == '':
       break
```

當使用者輸入為空字串則跳出迴圈。

■ 程式設計 - 伺服器端

請開啟 **FM637A\CH06\Server\LAB12** 資料夾中的 **LAB12.py** 程式，並更改 .env 檔內的 OpenAI API key。

LAB12.py

```
1    from Chat_Module import *
2
3    config(backtrace = 3,
4           system = "請使用繁體中文簡答，並只講重點。",
5           model="gpt-3.5-turbo",
6           max_tokens=500)
7
8    while True:
9        user_text = input("USER: ")
10       if user_text == '':
11           break
12       reply, error_info, _ = chat_function(user_text)
13       print(f'ChatGPT: {reply}')
14       if error_info:
15           print(f'error: {error_info}')
16       save_chat(user_text, reply)
```

- 第 13 行：輸出 GPT 的回答
- 第 14～15 行：如果出現錯誤則顯示錯誤訊息
- 第 16 行：儲存聊天紀錄

■ 測試程式 - 伺服器端

請按 [F5] 執行程式。

這裡我們做一個簡單測試，聊天函式在執行時會顯示詳細的 tokens 數量資訊：

在這裡輸入『嗨』

```
>>> %Run LAB12.py
USER: 嗨
prompt_tokens: 42 ————————————— 使用者訊息的 tokens
completions_tokens: 19 ———————— GPT 訊息回傳的 tokens
total_tokens: 61 ——————————————— 總 tokens
ChatGPT: 嗨！有什麼我可以幫助你的？ —— GPT 回傳的訊息
USER: |
```

使用者雖然只有輸入一個字『嗨』，卻顯示 42 個 tokens，這是因為系統訊息也算在內，也就是『請使用繁體中文簡答，並只講重點。』這句話，隨著聊天紀錄增加 tokens 也越多，這時可以減少對話紀錄組數來減少 tokens。

tokens 的計價方式會依照不同模型來計算，這裡以 gpt-3.5-turbo 為例：

輸入	輸出
$0.0010 美元 / 1000 個 tokens	$0.0020 美元 / 1000 個 tokens

其他模型計價請詳見官網計價頁面：https://openai.com/pricing

⚠ 本例顯示的 tokens 數量目的為讓大家有概念，在之後的程式就不會輸出了。

程式中的 max_tokens 是用來限制 GPT 訊息回傳的 tokens，它的限制方法也很暴力，當 GPT 尚未生完文字時就阻斷，就像講話講一半一樣，請看以下的情況：

回傳訊息的 tokens 數量

強調詳細說明就有可能出現超出限制的情況

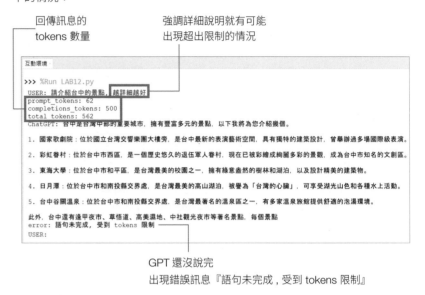

GPT 還沒說完
出現錯誤訊息『語句未完成，受到 tokens 限制』

這時就可以依照需求調大 tokens 限制，不過字太多也會讓後續助理講話時特別囉嗦，所以就需要善用系統訊息避免，讓其生成精簡的文字。

使用 OpenAI API 時可能會出現錯誤訊息，例如填入的 API key 不正確、API 超出當前配額等，會出現以下錯誤訊息：

出現『API key 不正確』的錯誤訊息

以上用文字呈現與 GPT 對話的過程，下一節我們即將突破文字界線，讓它跟我們說說話！

6-2 文字轉語音

文字轉語音 (Text To Speech) 技術，就是將輸入的文本轉換成一段語音。做到像人類說話的語音合成是非常耗費時間與人力成本的，而 OpenAI 不僅有之前提到的語音辨識模型，還有文字轉語音的 **tts-1 模型**可以使用，只要透過 OpenAI API 傳送文字給模型，就可得到清晰且十分擬真的語音檔，並且可以選擇不同的發聲角色、模型，操作的彈性也很高，接著我們就來實作文字轉語音的部分。

LAB13　實作 AI 念稿機

實驗目的　將輸入文字轉成語音檔後並播放出來。

⚠ 本實驗皆在伺服器上執行，無需使用到 ESP32 與其他零件。

■ 設計原理 - 伺服器端

OpenAI 的 TTS 服務有提供兩種模型：

模型	優點	價格比較
tts-1	生成速度最佳化	較便宜
tts-1-hd	音質最佳化	較貴

因為語音助理要求的是即時反應的速度，所以本套件選擇 tts-1 模型來生成語音，而 TTS 中有區分多種角色聲音，分別是 **alloy**、**echo**、**fable**、**onyx**、**nova** 和 **shimmer**，讀者可以前往官網試聽不同角色的聲音：https://platform.openai.com/docs/guides/text-to-speech

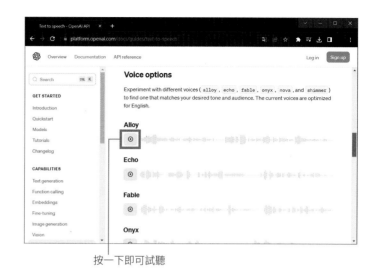

按一下即可試聽

筆者聽完後覺得 echo 先生的聲音比較適合做語音助理，你也可以在程式中替換不同的角色。

本節程式會生成出一個 WAV 音檔，為了讓之後串接 ESP32 更順利，以下會做一些前置處理。

產生一個 uploads 資料夾用來存放音檔：

```
make_upload_folder('uploads')
```

設定生成音檔的音訊採樣率：

```
sample_rate(30000)
```

也可以控制聲音輸出的音量及設定語音角色：

```
config(voice = "echo", db = 10)
```

- voice：語音角色
- db：音量控制

音量若為 0 則為原始音量，數值越大則音量越大聲，反之則減少。若使用耳機，就需要將 db 調整到負的數值 (建議 -30)，避免過於大聲。

最後的文字轉語音函式：

```
output_file = text_to_speech(text)
```

函式會根據使用者輸入的文字 text 轉換成語音檔，最後回傳檔名給 output_file。

文字轉語音的過程中會依賴音檔轉換工具 – ffmpeg 與 ffprobe，此程式需要與伺服器同一路徑才能運作。

mac 版本的 ffprobe 下載網址：https://reurl.cc/QeXk39

⚠ macOS 環境請使用 ffprobe.Unix (同 CH03)，下載教學：https://hackmd.io/@flagmaker/SkrK2JyHT

程式設計 - 伺服器端

請開啟 **FM637A\CH06\Server\LAB13** 資料夾中的 **LAB13.py** 程式，並**更改 .env 檔內的 OpenAI API key**。

LAB13.py

```
1   from Chat_Module import *
2
3   make_upload_folder('uploads')
4   sample_rate(30000)   # 聲音輸出採樣率
5   config(voice = "echo", db = 10) # 初始參數設定
6
7   while True:
8       text = input('輸入文字: ')
9       output_file = text_to_speech(text)
10      print(f'已轉成語音檔: {output_file}')
```

測試程式 - 伺服器端

請確認 ffmpeg 與 ffprobe 執行檔皆複製到此程式的相同路徑下。

請按 [Ctrl] + [Enter] 執行程式。

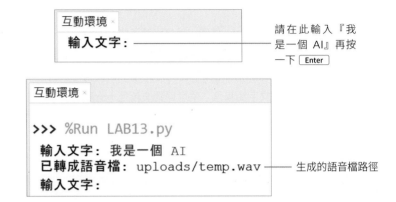

請在此輸入『我是一個 AI』再按一下 [Enter]

生成的語音檔路徑

接著請跟著步驟，我們一起來聽聽語音檔。

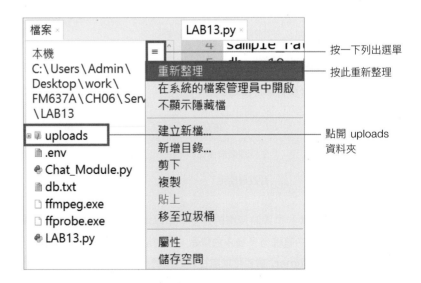

按一下列出選單

按此重新整理

點開 uploads 資料夾

66

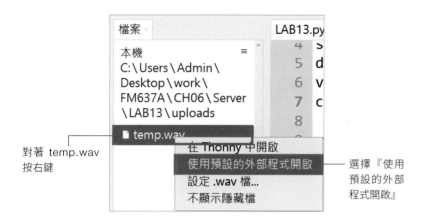

對著 temp.wav
按右鍵

選擇『使用
預設的外部
程式開啟』

此時聽到的語音訊息會跟輸入的字一樣，讀者可以多試試看其他語種，熟悉之後我們就可以將此方法加入到我們的伺服器中，串接成一個可以真實對話的 GPT！

LAB14　GPT 語音對話

實驗目的	根據原本的伺服器程式再新增 TTS 與 STT 服務，讓 GPT 能夠與使用者交談。
材　　料	• ESP32 • RGB LED 燈 • INMP441 麥克風模組 • MAX 98357 音訊放大器 • TRRS 音訊插座模組	• 3.5mm 耳機或喇叭 • 按鈕 • 麵包板 • 杜邦線若干

■ 接線圖

同 LAB11。

■ 設計原理 - 伺服器端

伺服器上一樣分為三個部分，分別是上傳檔案、聊天函式與下載檔案，上傳跟下載的函式與之前幾章都相同，不過聊天函式 chat() 中的 STT 需要額外做一些判斷：

```
user_text,error = speech_to_text()
```

當語音辨識錯誤時，user_text 的回傳值會是『無法識別語音』，我們希望此時可以回傳這項資訊給 ESP32，告知使用者語音辨識出問題了。

```
if user_text == "無法識別語音":
    reply_text = user_text
```

當辨識錯誤時，會將 user_text 字串指定給 reply_text 變數，最後使用者會聽到助理說『無法識別語音』這句話。

如果辨識十分順利，就可以進入跟 GPT 交流的階段，一樣使用 chat_function() 來取得 GPT 的回覆：

```
reply_text, error_info, _ = chat_function(user_text)
```

最後將回覆的訊息存檔並輸入到 STT 變成語音檔：

```
save_chat(user_text, reply_text)
text_to_speech(reply_text)
```

如此一來 chat() 聊天函式的工作就完成了！再配合下載函式將音檔串流下載到 ESP32 播放，就形成一個最簡單的語音小助理，接下來完成伺服器端的程式：

■ 程式設計 - 伺服器端

請開啟 **FM637A\CH06\Server\LAB14** 資料夾中的 **LAB14-SERVER.py**
程式, 並**更改** .env 檔內的 OpenAI API key。

LAB14-SERVER.py

```python
1   import os
2   from Chat_Module import *
3   from flask import Flask, request, jsonify, send_file, abort
4
5   app = Flask(__name__)
6   uploads_dir = make_upload_folder('uploads')
7
8   # 根目錄
9   @app.route("/")
10  def hello():
11      return "Welcome to the audio server!"
12
13  # 上傳PCM音檔
14  @app.route("/upload_audio", methods=["POST"])
15  def upload_audio():
16      audio_data = request.data
17      with open(f'{uploads_dir}/input.pcm', 'wb') as audio_file:
18          audio_file.write(audio_data)
19      return "上傳成功"
20
21  # 處理聊天請求
22  @app.route("/chat", methods=["GET"])
23  def chat():
24      reply_text, error_info = '',''
25      # =====處理錄音檔並轉成文字=====
26      user_text,error = speech_to_text()
27      # =====判斷是否成功識別語音=====
28      if user_text == "無法識別語音":
29          reply_text = user_text
30      else:# =====成功識別語音=====
31          reply_text, error_info, _ = chat_function(user_text)
32      save_chat(user_text, reply_text)
33      print(f"USER:{user_text}")
34      print(f"Chatgpt:{reply_text}\nerror_info:{error_info}")
35      text_to_speech(reply_text)
36      reply_dict = {"user":user_text,"reply":reply_text}
37      return jsonify(reply_dict)
38
39  # 下載音檔的路徑
40  @app.route('/download/<filename>', methods=['GET'])
41  def download_file(filename):
42      file_path = f'{uploads_dir}/{filename}'
43      if os.path.exists(file_path): # 確認有回覆的音檔
44          return send_file(file_path, as_attachment=True)
45      else:
46          return abort(404)
47
48  if __name__ == '__main__':
49      sample_rate(30000)
50      config(voice="echo", db=10, backtrace=3,
51             system="請使用繁體中文簡答，並只講重點。",
52             model="gpt-3.5-turbo",
53             max_tokens = 500)
54      app.run(host='0.0.0.0', port=5000)
```

● 第 50～53 行：定義初始參數

■ 測試程式 - 伺服器端

請按 [F5] 執行程式,
並複製互動視窗顯示的第
二個伺服器網址。

```
>>> %Run LAB14-SERVER.py
已建立 uploads 資料夾
 * Serving Flask app 'LAB14-SERVER'
 * Debug mode: off
WARNING: This is a development server.
se it in a production deployment. Use a
ion WSGI server instead.
 * Running on all addresses (0.0.0.0)
 * Running on http://127.0.0.1:5000
 * Running on http://172.16.0.252:5000
Press CTRL+C to quit
```

■ 設計原理 - ESP32 端

本節與聲控 RGB 燈的程式類似，錄完音之後上傳錄音檔至伺服器，接著訪問 chat() 函式，經過伺服器分析後，我們會先取得辨識結果及 GPT 的回覆。最後利用 audio_player() 函式向伺服器下載音檔並播放出來。

■ 程式設計 - ESP32 端

請開啟 **FM637A\ 範例程式 \CH06** 資料夾的 **LAB14.py** 程式。

```
LAB14.py
1    from machine import I2S, Pin
2    from chat_tools import *
3
4    record_switch = Pin(18, Pin.IN, Pin.PULL_UP)
5
6    wifi_connect("無線網路名稱", "無線網路密碼")
7    url = "伺服器網址"
8
9    config(n_url=url, rb=2048, ssr=30000, msr=4000)
10
11   while True:
12       if record_switch.value() == 0:
13           record(7, LED=True)
14           response = upload_pcm()
15           if response == "error":
16               continue
17           server_reply = chat(url)
18           print(f'你: {server_reply["user"]}')
19           print(f'語音助理: {server_reply["reply"]}')
20           gc.collect()
21           audio_player(True,'temp.wav')
```

■ 測試程式 - ESP32 端

請按 F5 執行程式，並確認 ESP32 已連上無線網路。接著按住按鈕並說出『台灣冬季盛產哪些水果』，完畢後放開按鈕。

```
互動環境
>>> %Run -c $EDITOR_CONTENT

MPY: soft reboot
WiFi 連線中...
WiFi: FLAG 已連線
---請說話---
✐: 3 s
---說完了---
```

大約等 15 秒就能聽到 GPT 說話了，時間長短取決於 GPT 生成的文字長度。

```
---請說話---
✐: 3 s
---說完了---
你: 台灣冬季盛產哪些水果
語音助理: 台灣冬季盛產的水果有橙子、柚子、葡萄柚、梨子、蘋果和柿子等。
((( ♫ )))
```

接下來讀者可以自行測試，跟 AI 聊聊天，之後我們會陸續結合各項任務給 AI 讓它成為我們的生活小幫手！

07

外文好夥伴—口譯機

在國外旅遊時總是需要跟不同語言的人溝通，若不會說外文時常會造成誤會與尷尬，這時候如果有哆啦 A 夢的翻譯蒟蒻就可以無國界溝通，現在語言模型就是你的翻譯蒟蒻，跟 AI 說要將一段話翻譯成別國語言其實很輕鬆，還可以充當自己的外文老師，不用跟外國人練習也可以學到正確發音。

7-1 認識 Function Calling

接下來幾章重點在增加 AI 助理的功能，OpenAI API 提供有增加功能的機制— Function Calling，只要先寫好可以提供不同功能的函式給 API，就會根據對話判斷要採用哪一個函式提供的功能。

這個機制我們已經寫成一個模組，只要加入不同功能的函式就可以使用，接著來撰寫我們的第一個功能—口譯機。

LAB15　實作口譯機

實驗目的	建立 AI 口譯機，根據使用者要求的語言翻譯完整語句。
材　　料	<ul><li>ESP32</li><li>RGB LED 燈</li><li>INMP441 麥克風模組</li><li>MAX 98357 音訊放大器</li><li>TRRS 音訊插座模組</li></ul> <ul><li>3.5mm 耳機或喇叭</li><li>按鈕</li><li>麵包板</li><li>杜邦線若干</li></ul>

◼ 接線圖

同 LAB10

◼ 設計原理 - 伺服器端

我們若直接向語言模型詢問『帝王蟹的日文怎麼說』，得到的回覆如下：

帝王蟹的日文為「タラバガニ」(Taraba-gani)。

GPT 除了會翻譯出帝王蟹的日文之外，還會附加『帝王蟹的日文為…』，若我們要做一個口譯機，會希望 GPT 直接回答要翻譯的內容即可，像是 **タラバガニ**。

Functiuon Calling 有一個特性，就是由 GPT 自動填入 function 的參數，我們正好可以利用此機制，讓 GPT 把翻譯的內容放入到 function 中，如此一來就只會提供已翻譯的內容，不會給出其它資訊。

不過在此之前必須要建立對應的函式，才可以讓語言模型善用 Function Calling。

首先在 Chat_Module 中已經建立好翻譯函式了：

這個函式的功能是將輸入的參數變成語言模型的輸出訊息。

```
translate(args)
```

args 參數是一個字典：

```
{'target_result': "翻譯的結果"}
```

● target_result 是 AI 翻譯的結果

翻譯的過程並不是在函式內部完成，而是 AI 會把翻譯的結果帶入到此函式中，為了使 AI 針對重點翻譯，之後向 AI 描述此函式時需特別說明參數的意義。

要讓 AI 使用這個函式，必須建立一個描述個別函式功能的串列，這個串列包含了每一個函式的所有資訊，包括參數名稱、參數含意等等，以下是建立第一個功能的方法，接下來幾章內容都會使用此方法加入功能，讀者熟練後也可以自行撰寫函式並把資訊納入串列中。

```
1    functions = [
2        {"type": "function",
3        "function": {
4            "name": "translate",
5            "description": "翻譯使用者要求的句子：例如:我要去一趟"
6            "超市義大利語->Al mio cane piace molto fare il"
7            "bagno",
8            "parameters": {
9                "type": "object",
10               "properties": {
11                   "target_result": {
12                       "type": "string",
13                       "description": "翻譯的結果，如 "
14                       "Al mio cane piace molto fare il bagno"
15                   }
16               },
17               "required": ["target_result"]}
18       }}
19   ]
```

串列中每一個元素代表一個函式的功能與其描述：

● name：函式的名稱。

● description：描述此函式的功能，越詳細越好，可以適當的給予範例。

● parameters：參數物件。

● properties：描述函式參數，翻譯函式有一個參數，所以 properties 有一組參數。

● 結構如下：{" 參數名稱 "：{"type"：" 參數型態 "，"description"：" 描述此參數的作用 "}

● required：必要參數，也就是一定要傳遞的參數。

給定以上資訊 AI 會自行判斷參數的內容，例如：使用者說『我要去機場第一航廈的日文』，AI 會自動分析 target_result 參數是『空港の第 1 ターミナルに行きたい』。

只要將定義好的 functions 串列傳入 chat_function 聊天函式中：

```
reply_text, error_info, _ = chat_function(user_text, functions)
```

接著此函式就會把翻譯結果傳回到 reply_text，這樣一來語音就會像口譯機一樣只說這句的日文。

現在 AI 就多了一個翻譯功能，若對話中沒有翻譯的需求就不會呼叫函式，依舊可以像之前一樣對話，接著來實作看看吧！

■ 程式設計 - 伺服器端

請開啟 **FM637A\ 範例程式 \CH07\Server** 資料夾的 **LAB15-SERVER. py** 程式，並**更改 .env 檔內的環境變數**。

⚠ 伺服器端程式與前一實驗相同部分以 … (略) 省略。

LAB15-SERVER.py

```
… (略)
30      else:# =====成功識別語音=====
31          functions = [
32              {"type": "function",
33              "function": {
34                  "name": "translate",
35                  "description": "翻譯使用者要求的句子:
                                    例如:我要去一趟"
36                                  "超市義大利語->Al mio
                                    cane piace molto"
37                                  " fare il bagno",
38                  "parameters": {
39                      "type": "object",
40                      "properties": {
41                          "target_result": {
42                              "type": "string",
43                              "description": "翻譯的結果, 如 "
44                              "Al mio cane piace molto
                                  fare il bagno"
45                          }
46                      },
47                      "required": ["target_result"]}
48              }}
49          ]
50
51          reply_text, error_info, _ = chat_function(user_text,
52                                      functions)
… (略)
68
69  if __name__ == '__main__':
70      sample_rate(30000)
71      config(voice="echo", db=10, backtrace=3,
72          system="請使用繁體中文簡答，並只講重點。",
73          model="gpt-3.5-turbo",
74          max_tokens = 500)
75      app.run(host='0.0.0.0', port=5000)
```

● 第 71 行：請根據音訊裝置調整 db 音量數值，喇叭建議 15，耳機建議 -30。

▣ 測試程式 - 伺服器端

請確認 ffmpeg 與 ffprobe 執行檔皆複製到此程式的相同路徑下，再按 F5 執行程式並複製出現的伺服器網址。

▣ 設計原理 - ESP32 端

同 LAB14

▣ 程式設計 - ESP32 端

同 LAB14.py, 請開啟 **FM637A\ 範例程式 \CH06** 資料夾的 **LAB14.py** 程式

▣ 測試程式 - ESP32 端

請按 F5 執行程式，等待 ESP32 連線成功後，按住按鈕說出『我要去機場第一航廈的日文』。

```
互動環境 ×

>>> %Run -c $EDITOR_CONTENT

MPY: soft reboot
WiFi 連線中...
WiFi: FLAG-SCHOOL 已連線
---請說話---
🖉: 5 s
---說完了---
你: 我要去機場第一航廈的日文
語音助理: 私は第一ターミナルへ空港に行きたいです。
((( ♫ )))
```

語音助理翻譯的結果

這時 AI 會用日語說出翻譯過後的句子，每次翻譯的結果可能有些微差異，可以利用其他翻譯網站確認翻譯的正確性，也可以嘗試請 AI 翻譯成其他語言，經筆者實測英文、義大利文、西班牙文與泰文等多國語言都能順利翻譯出來，有了口譯機的功能，在國外也能夠輕鬆表達，若是聽不懂也能夠利用口譯機將外國人講的話翻譯成中文。

MEMO

73

CHAPTER

08

語言模型萬事通－連網取得更多資料

大家也許知道語言模型是沒辦法連網取得最新即時資訊的，為了讓 AI 助手更加強大，擁有自主搜索新知的能力，本章會為它增加新的連網搜尋功能，不管是即時資訊或是 AI 不知道的事情都可以利用網路搜尋取得資料，讓 AI 的知識庫更為全面。

8-1　讓語言模型取得即時資訊

取得即時資訊需要使用到 Google 搜尋功能，讓 AI 決定要用哪些關鍵字去搜尋，並且根據找到的資料來回答問題，徹底解決語言模型的知識盲區。

LAB16　取得網路搜尋結果

本套件提供兩種搜尋工具，分別是 Python 套件式 google-search 及 google-search-API，前者免費搜尋，但短時間太頻繁搜索就會被封鎖 ip，後者是 Google 官方推出的搜尋 API，每天可以免費搜尋 100 次，超過就需要收費。

接下來請跟著步驟註冊 google-search-API,

前往官網：**http://bit.ly/search_api**

—— 按此新增搜尋引擎

搜尋引擎名稱
輸入『google』

按此搜尋整個網路

通過機器人驗證

按一下建立

選擇自訂

接著會跳轉到該搜尋引擎的頁面，這裡會有 API 的所有資訊，如 API key、ID 等。

搜尋引擎的主控台　　　按此複製搜尋引擎 ID

請將 ID 複製到記事本中，接著下滑該頁面到最底部 - **程式輔助存取權**欄位。

按此前往申請 API 金鑰

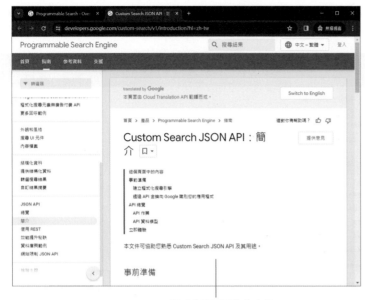

程式化搜尋引擎的文件

請向下滑動頁面至『透過 API 金鑰
向 Google 識別您的應用程式』

按此取得金鑰

按此展開選單

選擇 **+ Create a new project**

使用預設名稱 -My Project

按此下一步

按一下顯示 API key

按此複製 API key

請將此 API key 記錄到記事本中。

有了搜尋引擎 ID 與 API key 就可以使用官方搜尋服務了。

另一個工具是套件版 google-search，是利用爬蟲原理取得搜尋資料，完全免費使用但較不穩定，請跟著以下步驟安裝該套件：

搜尋 **googlesearch-python**　　　　　第一項結果

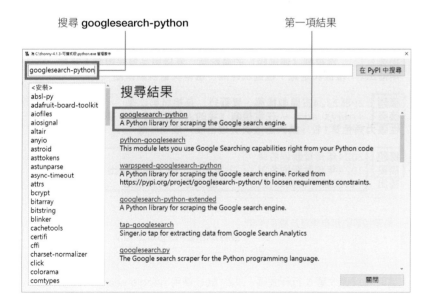

按此安裝　　　　　　　安裝完成後關閉

■ 實驗目的

熟悉套件式 google-search 與 google-search-API 的使用方式與觀察搜尋結果的差異。

■ 材料

本實驗皆在伺服器端操作。

■ 設計原理 - 伺服器端

兩種搜尋工具已被整理成 google_search 函式，只要更改 search_config 函式的狀態就可以切換搜尋工具：

```
search_config(API_KEY=False)
```

當 API_KEY 為 False 時，會使用套件式 google-search 搜尋，True 時會使用 google-search-API 搜尋。

```
reply_text, cmd, error_info = google_search(args)
```

- args = {"user_text":user_text}，字典中的參數 user_text 為要搜尋的問題。
- reply_text：回傳搜尋結果，共 5 筆，含標題與摘要。
- cmd：指令，此處無指令為空字串。
- error_info：錯誤訊息。

接著請打開 **FM637A\ 範例程式 \CH08\Server** 資料夾的 .env 檔案，並依序填入以下資料：

```
.env
1  OPENAI_API_KEY="你的OPENAI_API_KEY"
2  GOOGLE_API_KEY="你的GOOGLE_API_KEY"
3  SEARCH_ENGINE_ID="你的SEARCH_ID"
```

剛才取得的 google search API key 與 ID

■ 程式設計 - 伺服器端

請開啟 **FM637A\ 範例程式 \CH08\Server** 資料夾的 **LAB16.py** 程式。

```
LAB16.py
1  from Chat_Module import *
2
3  chat_model = "gpt-3.5-turbo"
4  user_text = "2024有哪些電視劇"
5  args = {"user_text":user_text}
6  search_config(API_KEY=False) # False 為使用搜尋套件
7  reply_text, cmd, error_info = google_search(args)
8  print(reply_text)
```

- 第 3 行：設定模型
- 第 4 行：輸入要搜尋的問題

■ 測試程式 - 伺服器端

請按 F5 執行程式，觀察套件式搜尋的結果。

AI 判斷的搜尋關鍵字

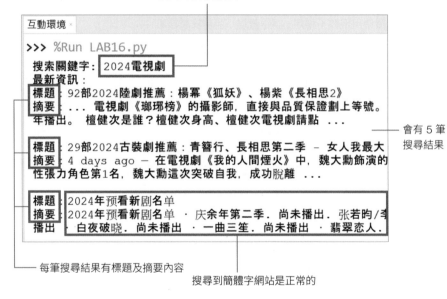

每筆搜尋結果有標題及摘要內容

搜尋到簡體字網站是正常的

會有 5 筆搜尋結果

這時可以更改**第 6 行**程式碼，改為 True 使用 google-search-API 來搜尋：

```
search_config(API_KEY=True)
```

- 將 API_KEY 改為 True

請按 F5 執行程式，觀察 API 搜尋的結果。

互動環境

```
>>> %Run LAB16.py
搜索關鍵字：2024電視劇
最新資訊：
標題：2024年預看新劇名單– 豆瓣
摘要：2024年預看新劇名單 · 慶余年第二季．尚未播出．張若昀/李沁/陈i
播出 · 白夜破曉．尚未播出 · 一曲三笙．尚未播出 · 翡翠恋人．

標題：分類:2024年電視劇集– 維基百科，自由的百科全書
摘要：2 · 2024年台灣電視劇集（5個頁面）· 2024年新加坡電視劇集（3
開播的日本電視劇集（21個頁面）· 2024年開播的美國 ...

標題：92部2024陸劇推薦:楊冪狐妖小紅娘、楊紫長相思2、張若昀慶餘年2
摘要：現代愛情劇《愛情有煙火》由檀健次攜手王楚然主演，王楚然在《清平
認可的，此外，該劇由導演史成業執導，他是電視劇《 ...
```

搜尋的網站結果不太一樣但內容大多相似

經筆者測試後套件版的結果較為詳細，但短時間頻繁使用會被 google 擋住，所以使用上較為不穩定，而官方 API 較穩定，不過搜尋結果有時會過於簡陋甚至出現一兩個不太相關的網站，但將五筆資料給 AI 後並不會影響太多，所以筆者建議使用 google-search-API 作為主要搜尋工具。

LAB17　即時氣象預報員

實驗目的	將串聯網路知識庫的功能加入到伺服器的 functions 中，為 AI 助理新增搜尋服務。
材　料	<ul><li>ESP32</li><li>RGB LED 燈</li><li>INMP441 麥克風模組</li><li>MAX 98357 音訊放大器</li><li>TRRS 音訊插座模組</li></ul> <ul><li>3.5mm 耳機或喇叭</li><li>按鈕</li><li>麵包板</li><li>杜邦線若干</li></ul>

當 AI 有了獲取即時資訊的渠道，就可以延伸出許多不一樣的服務，例如氣象預報服務、金融資訊及新聞等等，本節實驗將串聯網路的功能加入到 AI 助理中，並讓 AI 像一個即時氣象預報員為我們播報氣象資訊。

■ 接線圖

同 LAB10

■ 設計原理 - 伺服器端

將 google-search 函式加入到 functions 中：

```
1    {"type": "function",
2      "function": {
3        "name": "google_search",
4        "description": "網路查詢，可以取得最新即時資訊，根據"
5        "未知問題可使用此 function",
6        "parameters": {
7          "type": "object",
8          "properties": {
9            "user_text": {
10               "type": "string",
11               "description": "要搜尋的關鍵字，必須是繁體中文"
12             }
13           },
14           "required": ["user_text"]}
15   }}
```

■ 程式設計 - 伺服器端

請開啟 FM637A\範例程式\CH08\Server 資料夾的 LAB17-SERVER.py 程式，並更改 .env 檔內的環境變數。

LAB17-SERVER.py

```
… (略)
30        else:# =====成功識別語音=====
31            functions = [
… (略)
47                {"type": "function",
48                "function": {
49                    "name": "google_search",
50                    "description": "網路查詢,可以取得最新即時
                                    資訊,根據"
51                                "未知問題可使用此 function",
52                    "parameters": {
53                        "type": "object",
54                        "properties": {
55                            "user_text": {
56                                "type": "string",
57                                "description": "要搜尋的關鍵字,
                                    必須是繁體中文"
58                            }
59                        },
60                        "required": ["user_text"]}
61                    }}
62                ]
… (略)
81    if __name__ == '__main__':
82        sample_rate(30000)
83        search_config(API_KEY=False)
84        config(voice="echo", db=10, backtrace=3,
85                system="請使用繁體中文簡答,並只講重點。",
86                model="gpt-3.5-turbo",
87                max_tokens = 500)
88        app.run(host='0.0.0.0', port=5000)
```

● 第 84 行:請根據音訊設備調整音量,喇叭建議 15, 耳機建議 -30

■ 測試程式 - 伺服器端

請確認 ffmpeg 與 ffprobe 執行檔皆複製到此程式的相同路徑下。

請按 F5 執行程式,並記錄伺服器網址。

```
互動環境 ×

 * Serving Flask app 'LAB17-SERVER'
 * Debug mode: off
WARNING: This is a development server. Do not u
se it in a production deployment. Use a product
ion WSGI server instead.
 * Running on all addresses (0.0.0.0)
 * Running on http://127.0.0.1:5000
 * Running on http://172.16.0.252:5000
Press CTRL+C to quit
```

伺服器網址

■ 設計原理 - ESP32 端

同 LAB14.py

■ 程式設計 - ESP32 端

請開啟 **FM637A\ 範例程式 \CH06** 資料夾的 **LAB14.py** 程式。

■ 測試程式 - ESP32 端

請按 F5 執行程式,等待網路連線成功後,按住按鈕說『明天台北市的天氣』:

```
---請說話---
🖊：4 s
---說完了---
你：明天台北市的天氣
語音助理：根據最新的資訊，明天台北市的天氣預報如下：
- 白天：晴時多雲，氣溫介於11°C至17°C，降雨機率為10%。
- 晚上：多雲時晴，氣溫介於11°C至14°C，降雨機率為20%。

請注意，以上資訊僅供參考，天氣情況可能會有所變化，建議隨時關注氣象預報以獲得最新資訊。
((( ♫ )))
```

根據 Google 搜尋的資料回答天氣狀況

接著切換到伺服器查看執行 google search 函式時的資訊：

```
172.16.0.138 - - [10/Jan/2024 17:28:43] "POST /upload_audio HTTP/1.0" 2
google search({'user text': '明天台北市的天氣'})
USER：明天台北市的天氣
Chatgpt：根據最新的資訊，明天台北市的天氣預報如下：
- 白天：晴時多雲，氣溫介於11°C至17°C，降雨機率為10%。
- 晚上：多雲時晴，氣溫介於11°C至14°C，降雨機率為20%。

請注意，以上資訊僅供參考，天氣情況可能會有所變化，建議隨時關注氣象預報以獲得最新資訊。
error_info：
```

顯示使用 google_search 函式與關鍵字參數

接著還可以這樣問他『那可以建議我如何穿搭衣物嗎』

```
((( ♫ )))
---請說話---
🖊：4 s
---說完了---
你：那可以建議我如何穿搭衣物嗎
語音助理：根據明天台北市的天氣預報，建議你這樣穿搭：
- 白天：由於天氣晴時多雲且氣溫較涼，建議你穿著長袖上衣或
薄外套，搭配長褲或裙子。可以攜帶薄型圍巾或薄外套以應對溫
度變化。
- 晚上：晚上較涼，建議你穿著較厚的外套或加上一件薄型毛衣
，搭配長褲或裙子。可以攜帶一件輕薄的雨衣以應對降雨機率。

希望以上的建議能幫助到你！請根據自己的喜好和舒適度進行選
擇。
((( ♫ )))
```

根據剛才的氣溫資料回答合適的穿搭

有了聯網功能的 AI 有如貼身助理一樣，不需要再等氣象播報也能即時知道天氣狀況與合適的衣物穿搭。

MEMO

81

高鐵／台鐵 時刻播報

當我們想要搭乘高鐵、台鐵時，查詢車次不僅要輸入起迄站還要輸入時間等等，如果可以直接用講的，購買車票就會變得很有效率，本章會利用 TDX 服務搜索高鐵、台鐵資訊，有點類似上一章的搜尋網路資料，將資訊傳給 AI 分析出最合適的車次。

9-1 TDX 服務

查詢高鐵、台鐵相關資訊可以透過 TDX (Transport Data Exchange) 交通部運輸資料流通服務平台提供的 API，TDX API 必須以註冊帳號取得 ID（識別碼）與密鑰驗證身分才能使用，否則會有以下限制：

● 每個 IP 每天只能發送 50 次的 API 請求。

● 只能透過瀏覽器發送 API 請求

⚠ 之後註冊帳號成為會員後，限制變更為每秒鐘同個密鑰最多 50 次請求。

為了方便使用，本套件已包裝好 TDX 服務整合模組 - Train_Module.py，我們在實驗中會先採用不用驗證身分的方式，稍後再說明如何以驗證方式使用 API，免除以上限制。

當 AI 有了時刻表資訊就可以回答相關問題，下一步帶大家直接使用 Train_Module 模組，取得高鐵或台鐵的時刻表

LAB18　取得時刻表

實驗目的	熟悉 Train_Module 模組裡的函式，取得高鐵、台鐵時刻表與車站等原始資料。
材　料	本實驗皆在伺服器端中執行。

■ 設計原理

首先匯入鐵路模組內的所有函式：

```
from Train_Module import *
```

一開始不以驗證身分使用 API，所以 API 設定中 API_KEY 狀態需設為 False，：

```
TDX_config(API_KEY=False)
```

利用 TDX 取得各項資料的過程些微複雜，所以我們有整理好的函式：

```
args = {"train": "高鐵", "start_station": "台北",
        "end_station": "台中"}
reply, cmd, error_info = find_best_train(args)
```

- args 為查詢車次的基本資料，train 分為高鐵或台鐵，start_staion 為起始站，end_station 為終點站
- reply：根據以上資料取得兩車站間時刻表
- cmd：回傳指令為空字串
- error_info：錯誤訊息

此函式會自動從 TDX 中找尋車次、起迄站時間等資料。

接著我們實際查找車次原始資料，並確認 TDX API 服務可以正常執行。

程式設計

請開啟 **FM637A\ 範例程式 \CH09\SERVER** 資料夾的 **LAB18.py** 程式

LAB18.py

```
1    from Train_Module import *
2
3    TDX_config(API_KEY=False)
4    args = {"train": "高鐵", "start_station": "台北",
5            "end_station": "台中"}
6    reply, cmd, error_info = find_best_train(args)
7    for i in reply:
8        print(i)
```

- 第 3 行：不以驗證方式使用 API
- 第 4 行：填入查詢車次的基本資料

測試程式

請按 F5 執行程式。

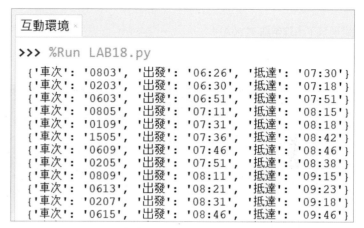

▲ 取得台北到台中所有的高鐵時刻表

官方網站的車次時刻如下：

出發時間	行車時間	抵達時間	車次	自由座車廂
06:26	01:04	07:30	0803	10-12
06:30	00:48	07:18	0203	10-12
06:51	01:00	07:51	0603	9-12
07:11	01:04	08:15	0805	9-12
07:31	00:47	08:18	0109	10-12

台北 去程 台中　2024/01/10(三) 06:00

▲ 確認所有資料都正常

以上是用非驗證身分使用 API，所以每日搜尋 50 次之後會被封鎖 IP，導致沒辦法搜尋，所以接下來教大家如何申請識別碼與密鑰，免除使用 API 的限制。

請跟著以下步驟申請 TDX API：

前往 TDX 官網：**https://tdx.transportdata.tw**

按此關閉提示視窗

1 請點選網頁最上方右側的**註冊**

2 請依照需求選取會員身分，以下以**一般會員**示範

3 請自行輸入資料

4 輸入手機號碼後按此傳送驗證碼

5 填入手機收到的驗證碼後按驗證

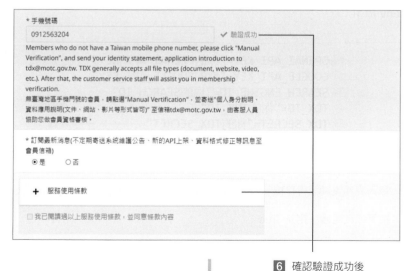

6 確認驗證成功後展開服務使用條款

7 捲到條款結尾處勾選同意　　　　　　**8** 按註冊

tdx.transportdata.tw 顯示

您已完成「TDX」之帳號申請，請您至註冊信箱進行E-mail驗證！

確定

9 按此確認後去收信驗證

你會收到這樣的驗證信，請按驗證信中的連結：

驗證成功後，還要等待審核：

您的e-mail驗證成功，帳號將於三個工作日內進行審核，如有任何問題
歡迎與我們聯絡。E-mail：tdx@motc.gov.tw 電話：(02)2349-
2803。

回首頁

審核通過後，會再收到以下的通知信：

【TDX運輸資料流通服務平臺】會員資格審核通過通知 📥 帳號×

TDX運輸資料流通服務平臺 <no-reply-tdx@mail.transportdata.tw>
寄給 我 ▾

親愛的會員 黃昕暐 您好，
感謝您申請交通部TDX運輸資料流通服務平臺會員。
您所申請的帳號 meebox@gmail.com 資格審核已通過!
歡迎登入TDX運輸資料流通服務平臺，開始使用平臺所提供的各項API與歷史資料服務。

就可以回到 TDX 平台網頁，並以註冊的帳號密碼登入後：

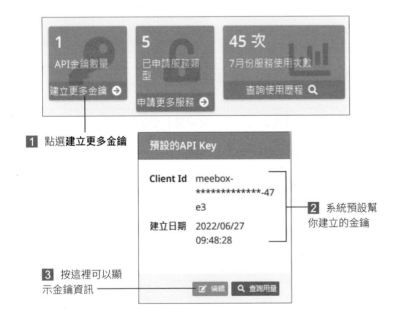

1 點選**建立更多金鑰**

2 系統預設幫你建立的金鑰

3 按這裡可以顯示金鑰資訊

4 按此將 ID 與 Secret 複製到其他地方，以下均以**識別碼**及**密鑰**稱呼。

有了剛剛取得的識別碼與密鑰後，就可以套用驗證資訊突破使用限制了。

請先將識別碼與密鑰複製到 **FM637A\ 範例程式 \CH09\Server** 資料夾的
.env 檔中

請填入以上資料

輸入完成後請記得存檔。

接著修改驗證設定為 True：

```
3    TDX_config(API_KEY=True)
```

請按 F5 重新執行程式，此時結果會跟剛才一樣，但是不會受到每天 50
次使用的限制，提高之後串接 AI 助理的實用性。

9-2 AI 分析時刻表

我們只需把 find_best_train 函式加入到 functions 中,就可以讓 AI 自動呼叫該函式並判斷出最佳車次了!

我要早上十點出發台北到台中的高鐵

從台北到台中早上十點的高鐵車次是 0621,出發時間為 09:46,預計抵達時間是 10:46。所需時間是 1 小時

LAB19 車次規劃助手

實驗目的	將車次搜尋函式加入到 functions 中,讓 AI 根據實際車次資料判斷最合適的車次,並分析搭乘時長等資訊。
材　料	• ESP32 • RGB LED 燈 • INMP441 麥克風模組 • MAX 98357 音訊放大器 • TRRS 音訊插座模組 • 3.5mm 耳機或喇叭 • 按鈕 • 麵包板 • 杜邦線若干

■ 接線圖

同 LAB10。

■ 設計原理 - 伺服器端

首先會將查詢高鐵台鐵的函式加入到 functions 中,當語言模型判斷要使用此函式時,該函式會回傳時刻表資料給語言模型,最後由語言模型根據我們的需求分析出最合適的車次。

我們把 find_best_train 函式加入到 functions 中:

其中會加入額外的參數 train_time,當使用者有要求某時間段的車次時,由 AI 將此時間轉換成 24 小時制的時間,其作用是讓函式回傳資料給模型時,有助於模型分析合適的車次。

```
1   {"type": "function",
2    "function": {
3        "name": "find_best_train",
4        "description": "查詢高鐵或台鐵(火車)等資訊",
5        "parameters": {
6            "type": "object",
7            "properties": {
8            "train": {
9                "type": "string",
10               "description": "搭乘'高鐵'或'台鐵'"
11               },
12           "start_station": {
13               "type": "string",
14               "description": "起始站名稱"
15               },
16           "end_station": {
17               "type": "string",
18               "description": "終點站名稱"
19               },
20           "train_time": {
21               "type": "string",
```

```
22              "description": "指定的時間,24小時制"
23              "若無指定時間則不傳入此參數"
24           }
25         },
26         "required": ["train","start_station",
27                      "end_station"]}}
28    }}
```

- 第 4 行：只要使用者向 AI 詢問高鐵、台鐵或火車等資訊都會呼叫此功能

之後 chat_function 內部會處理呼叫該函式後的回傳資料，再次傳給模型後才會得出最終的結果。

■ 程式設計 - 伺服器端

請開啟 **FM637A\ 範例程式 \CH09\Server** 資料夾的 **LAB19-SERVER. py** 程式

LAB19-Server.py

```
… (略)
30    else:# =====成功識別語音=====
31        functions = [

62         {"type": "function",
63          "function": {
64             "name": "find_best_train",
65             "description": "查詢高鐵或台鐵(火車)等資訊",
66             "parameters": {
67                "type": "object",
68                "properties": {
69                   "train": {
70                      "type": "string",
71                      "description": "搭乘'高鐵'或'台鐵'"
72                   },
73                   "start_station": {
74                      "type": "string",
```

```
75                      "description": "起始站名稱"
76                   },
77                   "end_station": {
78                      "type": "string",
79                      "description": "終點站名稱"
80                   },
81                   "train_time": {
82                      "type": "string",
83                      "description": "指定的時間,24小時制"
84                      "若無指定時間則不傳入此參數"
85                   }
86                },
87                "required": ["train","start_station",
88                             "end_station"]}}
89         }}
90      ]
… (略)
109    if __name__ == '__main__':
110       sample_rate(30000)
111       TDX_config(API_KEY=False)
112       search_config(API_KEY=False)
113       config(voice="echo", db=10, backtrace=3,
114              system="請使用繁體中文簡答，並只講重點。",
115              model="gpt-3.5-turbo",
116              max_tokens = 500)
117       app.run(host='0.0.0.0', port=5000)
```

- 第 111、112 行：若有 API KEY 則改為 True

- 第 113 行：請根據音訊設備調整音量，喇叭建議 15, 耳機建議 -30

■ 測試程式 - 伺服器端

請確認 ffmpeg 與 ffprobe 執行檔皆複製到此程式的相同路徑下。

請按 F5 執行程式，並記錄伺服器網址。

```
互動環境 ×
已建立 uploads 資料夾
 * Serving Flask app 'LAB19-SERVER'
 * Debug mode: off
WARNING: This is a development server.
use it in a production deployment. Use
uction WSGI server instead.
 * Running on all addresses (0.0.0.0)
 * Running on http://127.0.0.1:5000
 * Running on http://172.16.0.252:5000
Press CTRL+C to quit
```

記錄伺服器網址

■ 設計原理 - ESP32 端

同 LAB14.py

■ 程式設計 - ESP32 端

請開啟 **FM637A\ 範例程式 \CH06** 資料夾的 **LAB14.py** 程式。

⚠ 請確認程式內伺服器網址為剛才所記錄的網址

■ 測試程式 - ESP32 端

請按 F5 執行程式，等待網路連線成功後，按住按鈕說『下午五點從台北出發到台南的高鐵』。

```
---請說話---
🖊: 4 s
---說完了---
你: 下午五點從台北出發到台南的高鐵
語音助理: 根據您的要求，下午五點從台北出發到台南的高鐵有以下班次可供選擇:

- 車次 1321: 出發時間 16:01, 抵達時間 17:45
- 車次 1241: 出發時間 16:51, 抵達時間 18:17
- 車次 1245: 出發時間 17:51, 抵達時間 19:17
- 車次 0249: 出發時間 18:51, 抵達時間 20:17

請您選擇您所需的班次。
((( ♫ )))
```

找到的時間區間很彈性

⚠ 如果伺服器出現如下錯誤代表傳送的 tokens 數量超過模型的限制:

```
user:台北到台中早上十點的高鐵
find_best_train({'train': '高鐵', 'start_station': '台北',
'end_station': '台中', 'train_time': '10:00'})
USER: 台北到台中早上十點的高鐵
Chatgpt
error_info:Error code: 400 - {'error': {'message': "This
model's maximum context length is 4097 tokens. However,
you requested 4256 tokens (3448 in the messages, 308 in
the functions, and 500 in the completion). Please reduce
the length of the messages, functions, or completion.",
'type': 'invalid_request_error', 'param': 'messages', 'c
ode': 'context_length_exceeded'}}
```

⚠ 當日車次過多就有可能會發生此狀況，因為涵蓋的車次訊息變得更多了，導致 tokens 超出限制，gpt-3.5-turbo 的 tokens 限制為 4097 個 tokens，此時可以更換模型為 gpt-3.6-turbo-1106，其 tokens 限制為 16k 個 tokens。

我們看一下高鐵官網的實際數據:

台北 去程 台南		2024/01/11(四) 16:30		
出發時間	行車時間	抵達時間	車次	自由座車廂
16:46	01:46	18:32	0663	10-12
16:51	01:26	18:17	1241	10-12
17:11	02:00	19:11	0845	9-12
17:21	01:45	19:06	0667	10-12
17:46	01:46	19:32	0669	8-12

只有一個車次跟剛才的結果符合

89

有時候分析最佳車次的結果並不理想，我們可以更換語言模型改善這種情況：

請開啟 **FM637A\ 範例程式 \CH09\Server** 資料夾的 **LAB19-SERVER. py** 檔案，更改以下程式

```
115       model='gpt-3.5-turbo',
```

● 更改第 115 行的模型為 gpt-4 版本

因為每次語言模型的回答會參考聊天記錄，若是曾經出現錯誤的答案可能會影響語言模型的回覆，所以需刪除 **FM637A\ 範例程式 \CH09\Server** 資料夾的 **hist.dat** 聊天紀錄檔案

按一下右鍵

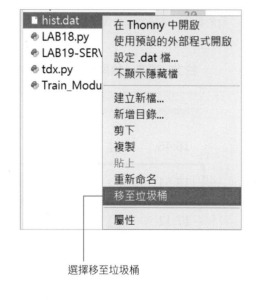

選擇移至垃圾桶

最後請按 [F5] 執行伺服器端程式，並在 ESP32 端按住按鈕再說一次『下午五點從台北出發到台南的高鐵』。

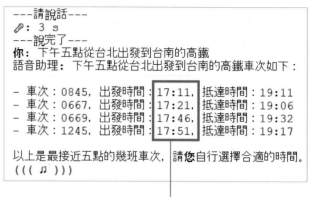

它會乖乖給出五點發車的所有車次

使用 GPT-4 讓分析結果更加穩定也較為準確，由此可知不同模型之間的差異，讀者可以根據需求調整模型版本；以上的 function 除了可以查詢高鐵也可以查詢台鐵等數據，讀者若有興趣也可以額外寫一個專門處理公車、捷運等資訊的函式加入到 functions 中。

⚠ 如需要 TDX 程式的開發細節可以參考旗標的 **ChatGPT 開發手冊 -Turbo x Vision** 一書。

身為一個 AI 語音助理還需要有娛樂性質的功能，既然有喇叭與連網能力，那麼就可以建立一個小型音樂播放裝置，我們利用語言模型強大的理解能力，分析出我們想聽的音樂名稱並播放音樂。

CHAPTER

10

YouTube 點歌助理

10-1 下載 YouTube 音樂

大部分的音樂在 YouTube 上都有，Python 中有一個 pytube 套件可以用來下載 YouTube 的各種影音，我們接下來會使用該套件的相關函式來下載歌曲，請跟著以下步驟安裝 pytube 套件。

按一下

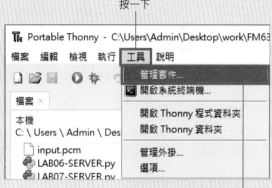

選擇管理套件

搜尋 pytube

按一下

按此安裝

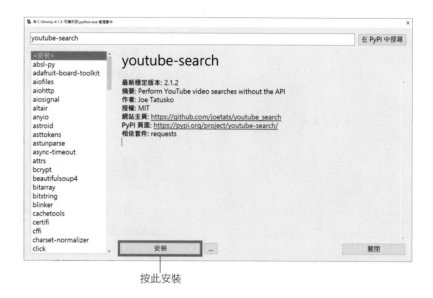

按此安裝

還需安裝搜尋影片名稱的套件— youtube-search , 此套件可以幫助我們得到該影片的網址 , 有了網址就可以用上面的 pytube 將影音下載下來。

另外還需安裝一個 langchain 套件 , 其中整合了一個 YouTubeSearchTool 模組 , 簡化搜尋影片名稱的程式。

搜尋 **youtube-search**　　選擇第一個

搜尋 **langchain**　　按一下

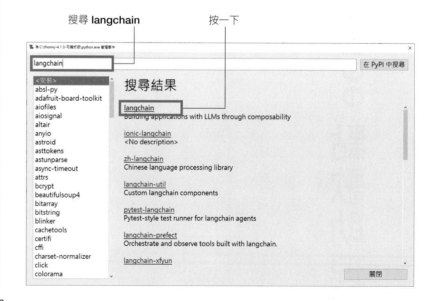

本套件在編寫時使用 0.0352 版本撰寫程式，所以請安裝此相容版本：

按此選擇版本

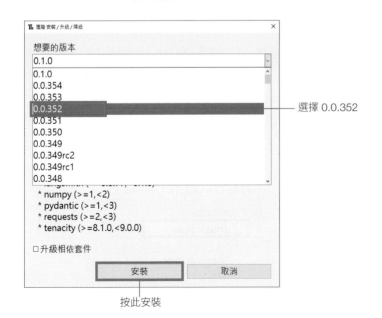

選擇 0.0.352

按此安裝

完成後關閉

接下來跟著範例動手下載音樂吧！

LAB20　結合 pytube 下載音樂

實驗目的	下載 YouTube 上的音樂到本機上。
材　　料	本實驗皆在伺服器端上執行。

■ 設計原理

我們已經將下載 YouTube 複雜的程式打包成一個函式，只需輸入歌名就可以自動下載該音檔：

```
reply_text, cmd, error = player(args)
```

● args = {'music_name': 歌名 }，music_name 對應的值為歌曲名稱。

● reply_text：" 正在為您撥放 {歌名}"

- cmd：指令，用於告知 ESP32 播放音樂

- error：錯誤訊息

還記得第 5 章的聲控 LED 燈嗎？那時候使用 cmd 變數作為指令通知 ESP32 亮燈，音樂播放功能也使用同樣的方式，在傳送給 ESP32 的資料中，把 cmd 指令設為一個字典，格式如下：

```
cmd = {'cmd_name': 'music', 'cmd_args': {}}
```

- cmd_name：指令名稱，ESP32 以此來判斷要使用的功能，music 代表播放音樂。

- cmd_args：為一個字典，代表指令所附帶的參數，本章並不會使用到額外參數，所以為空字典。

⚠ player 函式會根據歌名下載音檔，為了之後在 ESP32 方便播放，函式內部會自動將檔案存成 WAV 檔，檔名是 music.wav。

■ 程式設計

請開啟 **FM637A\ 範例程式 \CH10\Server** 資料夾的 **LAB20.py** 程式

```
LAB20.py
1    from Chat_Module import *
2
3    # 建立 uploads 資料夾
4    make_upload_folder('uploads')
5    sample_rate(30000)  # 聲音輸出採樣率
6    config(db=15) # 初始音量設定
7    args = {'music_name': '閣愛妳一擺'}
8    reply_text, cmd, error = player(args)
9    print(reply_text)
10   print(cmd)
11   print(error)
```

- 第 7 行：輸入歌曲名稱 - 閣愛妳一擺

- 第 8 行：根據歌名下載音樂

■ 測試程式

請按 F5 執行程式。

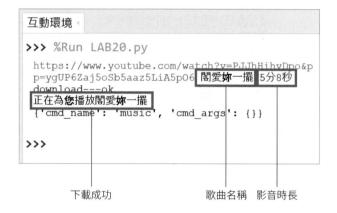

下載成功　　　　　　歌曲名稱　影音時長

⚠ 請注意，若影音超過 60 分鐘就會取消下載，因為之後透過 AI 助理下載音樂時，若影音過長會等待過久，所以函式內部會限定影音的時間長度。

接著可以在 uploads 資料夾中看到 music.wav 音檔：

音檔下載成功

按一下右鍵　　　　　　　按此播放音檔

接著就會聽到完整的音樂啦，確認影音下載都可以正常運行後，我們接著將此功能納入到 AI 助理的 functiuons 中。

10-2 個人點歌助理

聽歌不用再手動搜尋，只要跟 AI 說一聲就可以聽到想聽的音樂，本節我們要建立點歌小助理，由 AI 幫我們分析對話中的歌名，並播放出該音樂。

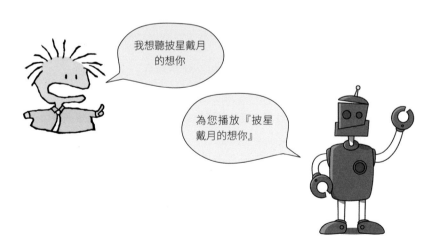

LAB21　點歌小幫手

實驗目的	為 AI 助理新增播放 YouTube 音樂的功能。
材　料	● ESP32　　　　　● RGB LED 燈 ● 麥克風模組　　● 麵包板 ● 耳機孔模組　　● 杜邦線若干 ● 喇叭或耳機

■ 接線圖

同 LAB10。

■ 設計原理 - 伺服器端

我們把剛才的 player() 寫成語言模型看得懂的 function 形式：

```
1    {
2        "name": "player",
3        "description": "輸入歌曲名稱就可以播放音樂",
4        "parameters": {
5            "type": "object",
6            "properties": {
7                "music_name": {
8                    "type": "string",
9                    "description": "歌曲名稱或歌手加歌曲名稱"
10                }
11            },
12            "required": ["music_name"]
13        }
14    }
```

程式設計 - 伺服器端

請開啟 **FM637A\ 範例程式 \CH10\Server** 資料夾的 **LAB21-SERVER. py** 程式, 並**更改 .env 檔**內的環境變數。

```
LAB21-SERVER.py
… (略)
30      else:# =====成功識別語音=====
31          functions = [
… (略)
90              {"type": "function",
91               "function": {
92                  "name": "player",
93                  "description": "播放音樂或我想聽音樂",
94                  "parameters": {
95                      "type": "object",
96                      "properties": {
97                          "music_name": {
98                              "type": "string",
99                              "description": "要播放的音樂"
100                         }
101                     },
102                     "required": ["music_name"]}
103             }}
104         ]
… (略)
123  if __name__ == '__main__':
124      sample_rate(30000)
125      TDX_config(API_KEY=True)
126      search_config(API_KEY=False)
127      config(voice="echo", db=10, backtrace=3,
128              system="請使用繁體中文簡答，並只講重點。",
129              model="gpt-4",
130              max_tokens = 500)
131      app.run(host='0.0.0.0', port=5000)
```

● 第 127 行：根據音訊裝置調整音量, 喇叭建議 15, 耳機建議 30。

測試程式 - 伺服器端

請按 ⌜F5⌝ 執行程式,

設計原理 - ESP32 端

伺服器傳回的訊息中帶有 cmd 字典等資訊, 我們依序把它們取出：

```
server_reply = chat(url)
user_text = server_reply["user"]
reply_text = server_reply["reply"]
cmd = server_reply["cmd"]
```

此時伺服器會回傳 user_text、reply_text、cmd。

因為新增了播放音樂的功能, 所以也需要在 ESP32 端中加上播放音樂的函式：

首先建立一個函式列表, 列表由一個指令名稱對應一個函式：

```
function_mapping = {
    "music":lambda: music_player()
    }
```

● music 是播放音樂的 cmd 指令

● music_player 函式用於串流播放伺服器端的音樂, 並且在播放過程中會開啟循環燈

有了這個列表, 之後就可以利用指令執行相對應的函式。

程式設計 - ESP32 端

請開啟 **FM637A\ 範例程式 \CH10\Server** 資料夾的 **LAB21.py** 程式

LAB21.py

```
1    from machine import I2S, Pin
2    from chat_tools import *
3
4    record_switch = Pin(18, Pin.IN, Pin.PULL_UP)
5
6    wifi_connect("無線網路名稱", "無線網路密碼")
7    url = "伺服器網址"
8
9    config(n_url=url, rb=2048, ssr=30000, msr=4000)
10
11   function_mapping = {
12       "music": music_player
13       }
14
15   while True:
16       if record_switch.value() == 0:
17           record(7, LED=True)
18           response = upload_pcm()
19           if response == "error":
20               continue
21           server_reply = chat(url)
22           cmd_dict = server_reply["cmd"]
23           cmd = cmd_dict['cmd_name']
24           args = cmd_dict['cmd_args']
25           print(f'你: {server_reply["user"]}')
26           print(f'語音助理: {server_reply["reply"]}')
27           print(f'指令: {cmd}')
28           gc.collect()
29           if cmd in function_mapping:
30               function_mapping[cmd](args)
31           else :
32               audio_player(True,'temp.wav')
```

● 第 29〜30 行：當伺服器回傳的指令有對應的功能則啟用該函式

● 第 31〜32 行：當伺服器無回傳指令時則照常播放語音

■ 測試程式 ESP32 端

請按 F5 執行程式，待網路連線成功後，按住按鈕並說『我想聽告白氣球』，此時稍待幾秒鐘等待伺服器端下載完音樂後，就可以聽到告白氣球的歌曲了！

```
互動環境 ×

>>> %Run -c $EDITOR_CONTENT

MPY: soft reboot
WiFi 連線中...
WiFi: FLAG 已連線
---請說話---
✏: 3 s
---說完了---
你: 我想聽告白氣球
語音助理: 正在為您播放(特別演出: 派偉俊)【告白氣球 Love Co
nfession】
指令: music
((( ♪ )))
((( ♪ )))
```

指令　　　　影音名稱

在播放音樂的同時，music_player 函式也會開啟循環燈增加氛圍。接下來我們就可以可以隨心所欲的向 AI 助手點歌，如果要取消播放可以按一下按鈕，循環燈光熄滅後就可以再重新按住按鈕跟 AI 助手交談。

擴增功能

客製化語音助理—

本章會結合之前所學將每個功能集合到 AI 助手中，並使用 Ngrok 軟體讓伺服器供外部網路的裝置連接，就算電腦不在身邊也能讓 AI 助手順利運作。

11-1 整合功能

之前我們做出的聲控 LED 燈是利用寫好的顏色函式對應指令，必須要講出對的指令才能亮正確的顏色，現在有了語言模型就可以讓它自動配色，不用再一一寫出每個顏色所對應的指令，接著我們來看看語言模型是如何幫我們配色的。

LAB22　AI 配色聲控燈

實驗目的	建立 RGB 的函式並加入到 functions 中，使 AI 助手自行搭配 RGB 顏色值，調出使用者想要的顏色。
材　　料	● ESP32 ● 麥克風模組 ● 耳機孔模組 ● 喇叭或耳機	● RGB LED 燈 ● 麵包板 ● 杜邦線若干

◼ 接線圖

同 LAB10。

◼ 設計原理 - 伺服器端

套件已建立產生控制 LED 燈指令的 led_function：

```
args = {color_name, RED, GREEN, BLUE}
reply_text, cmd, error = led_function(args)
```

● color_name：為燈色名稱

● RED、GREEN、BLUE：分別為 RGB 三色的數值，範圍為 0～1023，或 -1（三者皆為 -1 時代表循環燈）

● reply_text：回傳給使用者的預設訊息，例如 AI 傳入的 color_name 是黃色，那訊息就是『已調整燈光為黃色』

● cmd：指令與額外資訊

cmd 指令中所附帶的資訊如下：

```
cmd = {'cmd_name': 'RGB', 'cmd_args': {'red': RED, 'green': GREEN,
'blue':BLUE}}
```

● cmd_name：指令名稱

● cmd_args：指令的額外資訊是一個 RGB 三色數值的字典，每個數值範圍為 0 到 1023 或 -1

將以上參數加入到 functions 中：

```
1   {"type": "function",
2    "function": {
3        "name": "led_function",
4        "description": "控制LED燈色及開關LED燈，需要color_nam"
5                       "e、red、green、blue 四個參數,利用三個"
6                       "參數組合成燈色,數值範圍 0~1023, 白色"
7                       "(1023,1023,1023), 關燈(0,0,0), 循環"
8                       "燈(-1,-1,-1)",
9        "parameters": {
10           "type": "object",
11           "properties": {
12               "color_name": {
13                   "type": "string",
14                   "description": "合適的燈色名稱, 如：黃色、莫"
15                   "蘭迪藍、關燈"
16               },
17               "RED": {
18                   "type": "string",
19                   "description": "紅色數值, 範圍為0~1023"
20               },
21               "GREEN": {
22                   "type": "string",
23                   "description": "綠色數值, 範圍為0~1023"
24               },
25               "BLUE": {
26                   "type": "string",
```

```
27                     "description": "藍色數值，範圍為0~1023"
28                 }
29             },
30         "required": ["color_name", "RED", "GREEN", "BLUE"]
31         }
32     }}
```

參數的內容皆會由 AI 助理根據使用者的訊息填入，例如使用者說『我想要像金鳳凰的燈光』，args 就有可能是：

```
{"金黃色","1000","850","0"}
```

由 AI 自行配色可以不受限於固定配色，變的更有彈性了。

■ 程式設計 - 伺服器端

請開啟 **FM637A\ 範例程式 \CH11** 資料夾的 **LAB22-SERVER.py** 程式，並更改 .env 檔內的環境變數。

LAB22-SERVER.py

```
… (略)
30    else:# =====成功識別語音=====
31        functions = [
… (略)
104            {"type": "function",
105            "function": {
106                "name": "led_function",
107                "description": "控制LED燈色及開關LED燈，需要color_nam"
108                               "e、red、green、blue 四個參數，利用三個"
109                               "參數組合成燈色，數值範圍 0~1023，白色"
110                               "(1023,1023,1023)，關燈(0,0,0)，循環"
111                               "燈(-1,-1,-1)",
112                "parameters": {
113                    "type": "object",
114                    "properties": {
115                        "color_name": {
116                            "type": "string",
117                            "description": "合適的燈色名稱，如：黃色、莫"
118                                           "蘭迪藍、關燈"
119                        },
120                        "RED": {
121                            "type": "string",
122                            "description": "紅色數值，範圍為0~1023"
123                        },
124                        "GREEN": {
125                            "type": "string",
126                            "description": "綠色數值，範圍為0~1023"
127                        },
128                        "BLUE": {
129                            "type": "string",
130                            "description": "藍色數值，範圍為0~1023"
131                        }
132                    },
133                    "required": ["color_name", "RED", "GREEN", "BLUE"]
134                }
135            }}
136        ]
… (略)
155    if __name__ == '__main__':
156        sample_rate(30000)
157        TDX_config(API_KEY= False)
158        search_config(API_KEY=False)
159        config(voice="echo", db=10, backtrace=3,
160               system="請使用繁體中文簡答，並只講重點。",
161               model="gpt-3.5-turbo",
162               max_tokens = 500)
163        app.run(host='0.0.0.0', port=5000)
```

- 第 157、158 行：若有 API KEY 則改為 True

- 第 159 行：設置初始音量值，喇叭建議 15，耳機建議 -30。

測試程式 - 伺服器端

請確認 ffmpeg 與 ffprobe 執行檔皆複製到此程式的相同路徑下。

請按 [F5] 執行程式, 並記錄伺服器網址。

```
互動環境

>>> %Run LAB22-SERVER.py
 * Serving Flask app 'LAB22-SERVER'
 * Debug mode: off
WARNING: This is a development server.
server instead.
 * Running on all addresses (0.0.0.0)
 * Running on http://127.0.0.1:5000
 * Running on http://172.20.10.2:5000
Press CTRL+C to quit
```

設計原理 - ESP32 端

根據伺服器端傳回的指令與額外資訊, 可以得到 RGB 三色的數值, 有了這三色數值就可以控制 RGB 燈的顏色, 以上動作由 chat_tools 中的 RGB 函式負責:

RGB(args)

這裡的 args 參數是指 cmd_args: {'red': RED, 'green': GREEN, 'blue':BLUE}, 函式內會根據這些數值控制燈色。

接著將 RGB 函式放入到函式字典, 當傳回來的指令名稱有對應到 " RGB" 就會觸發此函式:

```
function_mapping = {
    "music": music_player,
    "RGB": RGB
    }
```

● 指令為 "RGB"

最後會將 AI 搭配的 RGB 三色數值帶入到函式中, 就可以點亮 RGB LED 燈。

程式設計 - ESP32 端

請開啟 FM637A\ 範例程式 \CH11 資料夾的 LAB22.py 程式

LAB22.py

```
1    from machine import I2S, Pin
2    from chat_tools import *
3
4    record_switch = Pin(18, Pin.IN, Pin.PULL_UP)
5
6    wifi_connect("無線網路名稱", "無線網路密碼")
7    url = "伺服器網址"
8
9    config(n_url=url, rb=2048, ssr=30000, msr=4000)
10
11   function_mapping = {
12       "music": music_player,
13       "RGB": RGB
14       }
15
16   while True:
17       if record_switch.value() == 0:
18           record(7, LED=True)
19           response = upload_pcm()
20           if response == "error":
21               continue
22           server_reply = chat(url)
23           cmd_dict = server_reply["cmd"]
24           cmd = cmd_dict['cmd_name']
25           args = cmd_dict['cmd_args']
26           print(f'你: {server_reply["user"]}')
27           print(f'語音助理: {server_reply["reply"]}')
```

```
28          print(f'指令：{cmd}')
29          gc.collect()
30          if cmd in function_mapping:
31              function_mapping[cmd](args)
32          else :
33              audio_player(True,'temp.wav')
```

● 第 6 行：請輸入無線網路名稱及密碼

● 第 7 行：請輸入伺服器網址

■ 測試程式 - ESP32 端

請按 `F5` 執行程式，等待無線網路連線後，按住按鈕並說出『我想要紫紅色的燈光』：

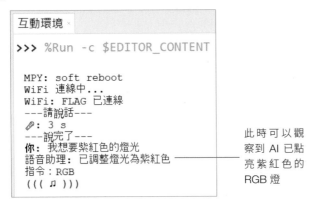

接著切換到伺服器端觀察傳送資料：

```
172.16.0.138 - - [12/Jan/2024 10:04:06] "POST
/upload_audio HTTP/1.0" 200 -
led_function({'color_name': '紫紅色', 'RED': '
1023', 'GREEN': '0', 'BLUE': '1023'})
USER：我想要紫紅色的燈光
Chatgpt：已調整燈光為紫紅色
error info：
```

AI 根據紫紅色搭配的 RGB 數值

可以嘗試換個說法『幫我點個蠟燭』：

AI 判斷蠟燭光為黃色

到這裡大部分 AI 助理的功能已經完成了，不過依舊只能和伺服器在同一個 Wi-Fi 下運作，沒辦法拿到別的地方用，接著就要解決此問題。

11-2 突破電腦連接限制 - ngrok

要讓 ESP32 能夠遠端連上伺服器，我們就需要用到 ngrok 這個應用程式，它可以為我們的伺服器建立一個對外連入的通道，以及公開的網址，讓外部網路的裝置可以透過這個網址向伺服器發送請求，不用限定於同一網域下也可以正常運作。

網際網路　　　　ngrok　　　　防火牆　　　　伺服器

⚠ 使用 ngrok 建立通道，若遭遇防毒軟體及防火牆封鎖，會導致其他裝置無法連入，如果發現無法連線，請設定本機電腦的防火牆及防毒軟體允許外部網路連入本機。

請跟著以下步驟安裝 ngrok：

前往官網安裝：**https://ngrok.com**

按此註冊

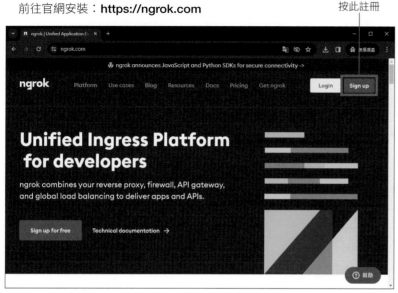

按此跳過雙重認證

按此下一步

按此接受條款

按一下以 Google
帳戶註冊

建立帳號

填寫使用資料

按此繼續

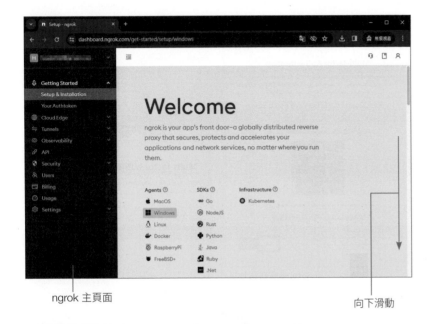

ngrok 主頁面

向下滑動

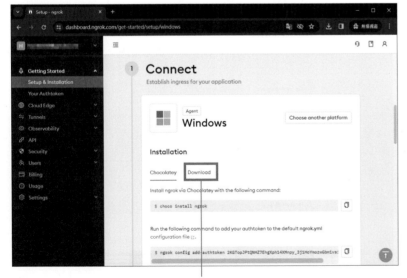

按一下 Download

Chocolatey　　**Download**

Download a standalone executable with zero run time dependencies. Don't know your architecture?　Help me find it.

📄 **Download for Windows (64-Bit)**　　📄 Download for Windows (32-Bit)

按此下載 ngrok 壓縮檔

⚠ 請不要關閉瀏覽器，稍後仍會使用

下載完成後請**解壓縮**，並開啟 ngrok：

按兩下開啟

接著會開啟終端機介面：

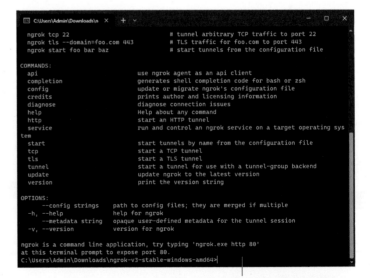

這裡就是 ngrok 的主控台，稍後會在這裡下達指令

⚠ 終端機介面是一個純文字的指令控制台，讀者平常都是使用滑鼠點擊就可以操作電腦執行程式，不過 ngrok 使用的是依靠打字下達指令的文字介面，執行後會開啟這樣滿滿都是文字的畫面，待會會帶大家下達指令，開啟 ngrok 對外的通道。

請切換到瀏覽器畫面：

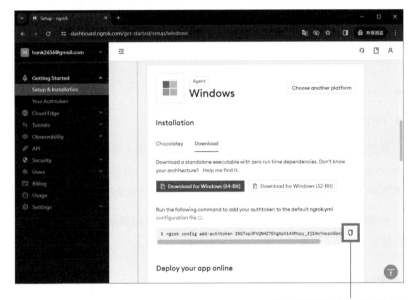

按此複製儲存令牌資料的指令

這段指令會在本機儲存一個令牌資料，有了授權令牌才可以用 ngrok 建立對外通道。

⚠ ngrok 規定每個免費用戶只能建立一組通道，做為一般使用已經足夠，不需額外新增其他通道。

接著打開剛才的 ngrok 主控台：

按右鍵貼上指令，再按一下 Enter

請不要關閉 ngrok 程式

```
C:\Users\Admin\Downloads\ngrok-v3-stable-windows-amd64>ngrok config add-authtoken 2aCudAQaU
Authtoken saved to configuration file: C:\Users\Admin\AppData\Local\ngrok\ngrok.yml
```

會看到 **Authtoken saved to configuration file…**
代表成功儲存令牌

接下來我們將伺服器端連接 ngrok，就可以讓 ESP32 解除同網域的限制了。

LAB23　隨身 AI 助理

實驗目的	本章最後的目標是讓 ESP32 脫離電腦，成為一個可以獨立運作的 AI 助理音響，分別會完成以下幾個任務： • 將伺服器連接 ngrok 建立對外通道，讓 ESP32 脫離與伺服器同網域的限制。 • 伺服器新增音量調整的 function，用語音控制音量大小。 • ESP32 新增一多功能按鈕，用於重播音樂或語音訊息。 • ESP32 新增外加電池盒，讓 ESP32 不再依靠電腦供電。
材　料	• ESP32　　　　　　　　　• 按鈕 • RGB LED 燈　　　　　• 麵包板 • INMP441 麥克風模組　• 杜邦線若干 • MAX 98357 音訊放大器　• 電池盒 • TRRS 音訊插座模組　• 自備 4 號電池 4 顆 • 3.5mm 耳機或喇叭

■ 接線圖

為了外接一個電池盒，有幾條接線會做調整，請跟著以下圖示調整佈線。

⚠ 請先不要裝電池到電池盒上，待測試所有軟硬體正常後，再跟著步驟裝入電池並開啟開關。

⚠ 請保留原本的線路

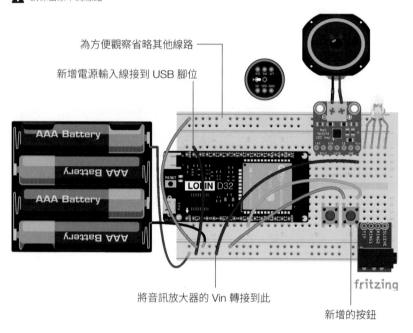

為方便觀察省略其他線路

新增電源輸入線接到 USB 腳位

將音訊放大器的 Vin 轉接到此

新增的按鈕

其他線路同 LAB10

ESP32	按鈕
19	右側針腳
GND	左側針腳

ESP32	電池盒
USB	紅線 -5v
GND	黑線

麵包板	音訊放大器
紅線 -5v	Vin

■ 設計原理 - 伺服器端

當 ESP32 脫離電腦後，如果要調整音量還需要跑回伺服器端更改程式中的初始值，也太不方便。不妨設計一個可以調整音量的函式，只要告訴 AI 我們想要調大聲或小聲，就可以直接更改伺服器的 db 值。

調整音量的函式如下：

```
reply_text, cmd, error_info = control_volume(args)
```

- args = { "volume"：" 大聲或小聲 " }
- reply_text：調整後的 db 值訊息

我們希望 AI 根據我們的對話來判斷我們想要調大聲或小聲，control_volume() 會根據輸入的參數調整音量，參數必須是 " 大聲 " 或 " 小聲 "，每次都會以 5 個 db 值做音量增減，並且可以從回傳值得知調整後的 db 值。

稍後會串接 ngrok，其實就是從 ngrok 提供的網址轉回到本機上，所以程式部分不用額外做其他設置。

■ 程式設計 - 伺服器端

請開啟 **FM637A\ 範例程式 \CH11** 資料夾的 **LAB23-SERVER.py** 程式

```
(…略)
30        else:# =====成功識別語音=====
31            functions = [
(…略)
137               {"type": "function",
138                "function": {
139                    "name": "control_volume",
140                    "description": "控制音量，調大聲或調小聲",
141                    "parameters": {
142                        "type": "object",
143                        "properties": {
```

```
144                         "volume": {
145                             "type": "string",
146                             "description": "大聲或小聲"
147                         }
148                     },
149                     "required": ["volume"]
150                 }
151             }}
152         ]
(…略)
172    if __name__ == '__main__':
173        sample_rate(20000)
174        TDX_config(API_KEY= False)
175        search_config(API_KEY=False)
176        config(voice="echo", db=10, backtrace=3,
177                system="請使用繁體中文簡答，並只講重點。",
178                model="gpt-3.5-turbo",
179                max_tokens = 500)
180        app.run(host='0.0.0.0', port=5000)
```

- 第 174、175 行：若有 API KEY 則改為 True

- 第 176 行：設置初始音量值，喇叭建議 15，耳機建議 -30。

使用 ngrok 會轉接到國外的伺服器，在傳送資料的過程會有些許延遲，為了聲音可以流暢播放，我們把採樣率調小至 20000。

■ 測試程式 - 伺服器端

請按 [F5] 執行程式，等待網路連線後，確認伺服器的連接端口：

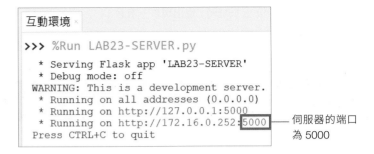

互動環境

>>> %Run LAB23-SERVER.py
 * Serving Flask app 'LAB23-SERVER'
 * Debug mode: off
WARNING: This is a development server.
 * Running on all addresses (0.0.0.0)
 * Running on http://127.0.0.1:5000
 * Running on http://172.16.0.252:5000 ← 伺服器的端口為 5000
Press CTRL+C to quit

接著我們切換到 ngrok 主控台：

C:\Users\Admin\Downloads\ngrok-v3-stable-windows-amd64>ngrok http --scheme=http 5000

輸入 **ngrok http --scheme=http 5000**
建立對外通道，並按一下 [Enter]

上述設置 5000，表示 ngrok 要將提供的 http 網址轉回到本機的 5000 埠號，也就是我們伺服端程式使用的埠號。

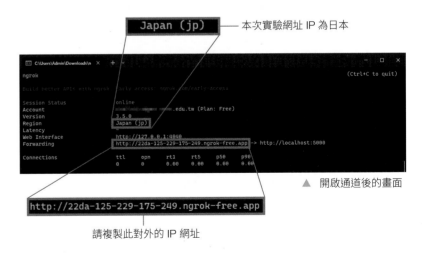

Japan（jp）—— 本次實驗網址 IP 為日本

▲ 開啟通道後的畫面

http://22da-125-229-175-249.ngrok-free.app

請複製此對外的 IP 網址

⚠ ngrok 控制台頁面請不要關閉，必須維持開啟才能讓通道運作，若是不慎關閉請重新開啟並按照上一步驟建立對外通道

如果使用瀏覽器開啟此網址時，會出現以下畫面：

此處被強制更改為 https 而非原本的 http

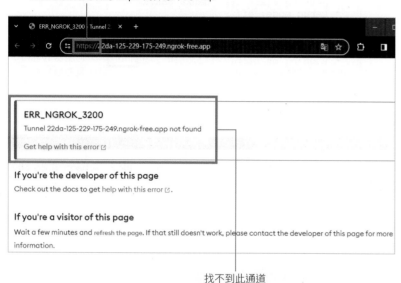

找不到此通道

許多瀏覽器為了安全性所以強制將使用者輸入的網址改成 https，但這與原本的網址不相同，所以會找不到該網址，不過這並不會影響 ESP32 向伺服器連接，ESP32 端的程式依舊可以使用 ngrok 所建立的網址。

■ 設計原理 - ESP32 端

當 ESP32 離開電腦有線連接後，需要有明顯的特徵表示 ESP32 已開機，所以在一開始需要增加一個亮白燈的程式：

```
set_color(1023, 1023, 1023) # 開機亮白燈
```

另外本節會新增多功能按鈕，讀者可以自行改動此按鈕的功能，本節所設定的功能為**按一下就重播上一首音樂**。

```
replay_switch = Pin(19, Pin.IN, Pin.PULL_UP)
if replay_switch.value() == 0:
        audio_player(False ,'music.wav')
```

若是沒有上一首音樂的記錄就不會播放音樂喔。

接著需要將 url 改成剛才 ngrok 的轉址。

```
url = "ngrok 的轉址"
```

■ 程式設計 - ESP32 端

請開啟 **FM637A\ 範例程式 \CH11** 資料夾的 **LAB23.py** 程式

```
LAB23.py
1    from machine import I2S, Pin
2    from chat_tools import *
3
4    record_switch = Pin(18, Pin.IN, Pin.PULL_UP)
5    replay_switch = Pin(19, Pin.IN, Pin.PULL_UP)
6    set_color(1023, 1023, 1023) # 開機亮白燈
7    wifi_connect("無線網路名稱", "無線網路密碼")
8    url = "ngrok 網址"
9
10   config(n_url=url, rb=2048, ssr=20000, msr=4000)
11
12   function_mapping = {
13       "music": music_player,
14       "RGB": RGB
15       }
16
17   while True:
18       if replay_switch.value() == 0:
19           audio_player(False,'music.wav')
```

```
20    if record_switch.value() == 0:
21        record(7)
22        response = upload_pcm()
23        if response == "error":
24            continue
25        server_reply = chat(url)
26        cmd_dict = server_reply["cmd"]
27        cmd = cmd_dict['cmd_name']
28        args = cmd_dict['cmd_args']
29        print(f'你: {server_reply["user"]}')
30        print(f'語音助理: {server_reply["reply"]}')
31        print(f'代號: {cmd}')
32        gc.collect()
33        if cmd in function_mapping:
34            function_mapping[cmd](args)
35        else :
36            audio_player(True,'temp.wav')
```

- 第 7 行：輸入無線網路名稱與密碼
- 第 8 行：輸入 ngrok 的轉址
- 第 10 行：採樣率調至 20000 與伺服端同步。

■ 測試程式 - ESP32 端

請按 F5 執行程式，首等待無線網路連線後，按住按鈕並說出『我想聽稻香』。

接著再按一下錄音的按鈕停止播放聲音，最後按一下重播鈕：

會再重新播放一次

確認功能一切正常後，我們會把 LAB23.py 的程式上傳到 ESP32，若是要讓 ESP32 一開機就執行程式，請跟著以下步驟在 ESP32 上傳程式到 ESP32 上：

按一下

按此儲存複本

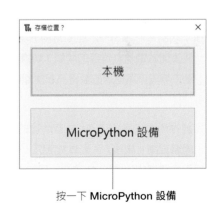

按一下 **MicroPython 設備**

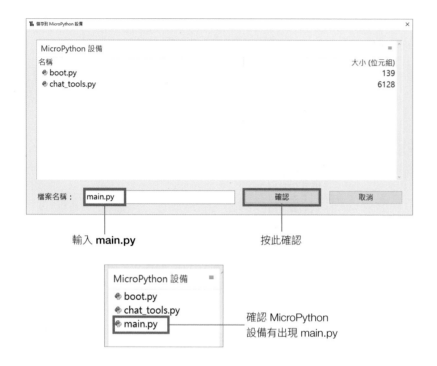

輸入 **main.py**　　　　　　　　　　按此確認

確認 MicroPython
設備有出現 main.py

接下來請拔除 ESP32 連間電腦的 Micro USB 線，並把電池裝入電池盒中，最後開啟電池盒背部的開關 (**切換到 ON**)。隨後會看到 RGB 亮起開機燈，等待無線網路連線的藍燈亮起並關閉後，就可以開始跟 AI 語音助理對話啦！

到這裡就徹底完成了 AI 語音助理的所有功能了，集合了 AI 聊天、口譯機、網路查詢、高鐵 / 台鐵車次篩選、播放音樂與 AI 聲控燈等，讀者也可以開發更多連網的功能給 AI 使用，例如：股價查詢、家電控制等等，語言模型很厲害，但能夠將其融合到生活的我們更加強大，AI 不再只是文字介面的虛擬型式，現在已突破文字，成為我們的生活得力助手！

記得到旗標創客・
自造者工作坊
粉絲專頁按『讚』

1. 建議您到「旗標創客・自造者工作坊」粉絲專頁按讚, 有關旗標創客最新商品訊息、展示影片、旗標創客展覽活動或課程等相關資訊, 都會在該粉絲專頁刊登一手消息。

2. 對於產品本身硬體組裝、實驗手冊內容、實驗程序、或是範例檔案下載等相關內容有不清楚的地方, 都可以到粉絲專頁留下訊息, 會有專業工程師為您服務。

3. 如果您沒有使用臉書, 也可以到旗標網站 (www.flag.com.tw), 點選 聯絡我們 後, 利用客服諮詢 mail 留下聯絡資料, 並註明產品名稱、頁次及問題內容等資料, 即會轉由專業工程師處理。

4. 有關旗標創客產品或是其他出版品, 也歡迎到旗標購物網 (www.flag.tw/shop) 直接選購, 不用出門也能長知識喔!

5. 大量訂購請洽

學生團體	訂購專線：(02)2396-3257 轉 362 傳真專線：(02)2321-2545
經銷商	服務專線：(02)2396-3257 轉 331 將派專人拜訪 傳真專線：(02)2321-2545

國家圖書館出版品預行編目資料

用創客玩 ChatGPT x Python AI 語音大應用 從零打造個人專屬語音助理 / 施威銘研究室作 . -- 臺北市：旗標科技股份有限公司, 2024.01
面； 公分

ISBN 978-986-312-781-9（平裝）

1.CST: 人工智慧 2.CST: 機器學習 3.CST: 語音處理 4.CST: Python(電腦程式語言)

312.83　　　　　　　　　　　　112022845

作　　者／施威銘研究室

發 行 所／旗標科技股份有限公司

　　　　　台北市杭州南路一段15-1號19樓

電　　話／(02)2396-3257(代表號)

傳　　真／(02)2321-2545

劃撥帳號／1332727-9

帳　　戶／旗標科技股份有限公司

監　　督／黃昕暐

執行企劃／楊民瀚

執行編輯／黃昕暐・楊民瀚

美術編輯／陳慧如

封面設計／林美麗

校　　對／黃昕暐・楊民瀚

行政院新聞局核准登記-局版台業字第 4512 號

ISBN　978-986-312-781-9

Copyright © 2024 Flag Technology Co., Ltd.
All rights reserved.